Sutar Pritee Sanjay
Shakeel Asgar

Canela em leitelho: Uma investigação sobre o prazo de validade

Sutar Pritee Sanjay
Shakeel Asgar

Canela em leitelho: Uma investigação sobre o prazo de validade

Abordagens inovadoras e conhecimentos científicos para uma preservação sustentável

ScienciaScripts

Imprint

Any brand names and product names mentioned in this book are subject to trademark, brand or patent protection and are trademarks or registered trademarks of their respective holders. The use of brand names, product names, common names, trade names, product descriptions etc. even without a particular marking in this work is in no way to be construed to mean that such names may be regarded as unrestricted in respect of trademark and brand protection legislation and could thus be used by anyone.

Cover image: www.ingimage.com

This book is a translation from the original published under ISBN 978-620-7-46651-1.

Publisher:
Sciencia Scripts
is a trademark of
Dodo Books Indian Ocean Ltd. and OmniScriptum S.R.L publishing group

120 High Road, East Finchley, London, N2 9ED, United Kingdom
Str. Armeneasca 28/1, office 1, Chisinau MD-2012, Republic of Moldova, Europe
Printed at: see last page
ISBN: 978-620-7-70605-1

Conteúdo

RECONHECIMENTO

É para mim um privilégio extremo reconhecer a gratidão e a dívida para com o conselheiro e Presidente do meu comité consultivo, **Dr. Shakeel Asgar**, *Professor Associado, Departamento de Tecnologia dos Produtos Lácteos, Faculdade de Ciências dos Produtos Lácteos e Tecnologia Alimentar, CGKV, Raipur, pela sua supervisão única, conselhos académicos e encorajamento que deram um toque de excelência a todo este trabalho de investigação.*

Exprimo os meus sinceros sentimentos de gratidão ao Dr. B. K. Goel, Professor e Diretor do Departamento de Tecnologia dos Produtos Lácteos, Faculdade de Ciências dos Produtos Lácteos e Tecnologia Alimentar, CGKV, Raipur, pela sua orientação constante, pelos seus conselhos académicos e por ter proporcionado todas as facilidades necessárias durante o trabalho de tese.

Estou grato ao Dr. U.K. Mishra, Hon'ble Vice-chanceler, CGKV, ao Dr. Sudhir Uprit, Reitor, Faculdade de Ciências dos Lacticínios e Tecnologia Alimentar e ao Dr. S. K. Tiwari, Diretor de Instruções, CGKV Raipur, por disponibilizar todas as instalações durante o curso do Programa M. Tech.

Os meus sinceros agradecimentos ao Dr. K. K. Chodhary, à Dra. Manorama, ao Dr. A.K Aagrwal, à Dra. (smt) A. Khare, ao Shri R. K. Sahu, ao Dr. Sumit Mahajan, à Sra. Pranali Nikham, ao Shri K.K. Sandey e ao Shri Y.K. Naik pela sua sugestão, aconselhamento académico, ajuda e cooperação durante todo o programa do meu estudo e trabalho de tese.

Gostaria de expressar a minha sincera gratidão a Shri A. M. Joshi, Shri K. N. Yadav, Shri. Chandrakar, Shri. Majnu, Shri Tiwari, Shri Santh e a todos os funcionários administrativos e outros funcionários da Faculdade de Ciências dos Lacticínios e Tecnologia Alimentar, CGKV, Raipur, pela sua amável ajuda e cooperação durante o trabalho de tese.

Os meus mais profundos sentimentos de gratidão para com os meus seniores e amigos, Sr. B. Mesharam, Sr. N. Shinde, Ruchi Sahu, Seema, Mehar Afroz, Gaurav, Anand, Praveen, Deepika, Shashank, Roshan, Prashant, Sampath, Shekhar Aravind, Narasimulu, Sandhya, Aparna, Monika, Ashwini, Soundarya, Chanda, Divya, Shrath Prakash e a todos os rapazes da Dairy pela sua amável cooperação e encorajamento durante todo o meu estudo.

Os meus mais profundos sentimentos de afeto à minha querida amiga Rajashree e à minha querida irmã Priya Sutar por me terem sempre dado o seu afeto e carinho.

Para as personalidades mais importantes da vida, não há palavras suficientes para expressar a minha sincera gratidão, afeto e amor ao meu tio Shri. Vijay Sutar e à minha tia Smt. Rekha Sutar e ao meu irmão Abhiroop pelas suas constantes bênçãos, inspiração, apoio moral e encorajamento, que sempre foram a fonte mais vital de inspiração e motivação na minha vida.

No final, mas não menos importante, exprimo os meus maiores sentimentos de gratidão, afeto e amor à minha querida mamã, papá, avó, avô, irmãs e irmão pelas suas bênçãos, inspiração, assistência, apoio moral, cooperação e encorajamento durante a conclusão do programa M. Tech. Tech.

SUTAR PRITEE SANJAY

CAPÍTULO I

INTRODUÇÃO

A fermentação é uma das primeiras técnicas de conservação de alimentos utilizadas pelo homem desde tempos imemoriais. Tem desempenhado um papel importante na nutrição humana. A literatura védica e ayurvédica contém uma série de referências sobre o leite fermentado. O leitelho tem sido elogiado como um instrumento/medicamento eficaz para o tratamento de várias doenças. Proporciona força e vigor e faz com que uma pessoa (que o consome regularmente) viva cem anos feliz (Bhatt, 1977).

A Ayurveda dá grande importância ao *Takra* (leitelho) como dieta e como medicamento, uma vez que faz parte de uma dieta equilibrada e é considerado um regime alimentar saudável para manter a saúde. Como facilita a digestão e o processo de absorção adequados, mantém um metabolismo correto.

O leitelho é tradicionalmente conhecido como *"Chhash"* (Gujarat e MP), *"Mattha"* (UP e Delhi), *"Tak"* (Maharashtra) *e "Ghol"* (Bengala). *O Chhash* também é popular, como leitelho azedo, em várias outras partes do mundo, ou seja, na Ásia Oriental, em África, na Europa, etc. O leitelho tem um sabor suave e agradável, resultante de uma mistura de sabor ácido limpo e sabor aromático delicado, e deve estar isento de sabores estranhos, como o de chato, metálico, de levedura ou amargo. A cor do leitelho de cultura varia entre o branco-amarelado cremoso do leite de vaca e o branco-creme do leite de búfala, devendo estar isento de acastanhamento e de matérias estranhas; é preferível que o leitelho de cultura tenha um aspeto liso e brilhante. O aspeto liso e brilhante do leitelho de cultura é preferível. A sua consistência deve ser espessa e uniforme e não deve conter partículas aglomeradas, sendo preferível uma textura suave (Chandan, 2006).

O leitelho tem sido mencionado como um dos melhores entre os produtos lácteos devido ao seu imenso valor terapêutico e nutricional (Sarkar, 2008). O uso regular de leitelho ajuda imenso os doentes com iterícia e fígado alcoólico a recuperar o apetite e a digestão normais (Trivedi, 1971; Anon, 2003). Observou-se que os produtos lácteos fermentados têm um efeito anticolesterolémico (Mann e Sperry, 1974; Thakur e Jha, 1981; e Chawla e Kansal, 1983); estimulam as actividades naturais das células do corpo e, consequentemente, reforçam o sistema imunitário. Protegem também contra as infecções urogenitais, decompõem as substâncias cancerígenas, aliviam a obstipação e as perturbações diarreicas, reduzem o nível de colesterol sérico, inibem a mutagenicidade do conteúdo intestinal, reduzem a incidência de tumores intestinais, inibem a descalcificação dos ossos nos idosos e ajudam no tratamento das úlceras (Sarkar, 2002).

Os leites fermentados têm sido considerados como o alimento ideal para promover o desenvolvimento da indústria de lacticínios nos países em desenvolvimento (Bachmann, 1985). Com base na conversão de 6,5% da produção total de leite em manteiga de nata, pode estimar-se que 3,2 milhões de toneladas de leitelho são produzidas anualmente como subproduto. A maior parte da coalhada é utilizada para o fabrico de leitelho na Índia.

Em geral, a maioria destes leites fermentados tem um prazo de validade muito curto. Este período não é adequado do ponto de vista de uma comercialização efectiva. Tanto os consumidores como os distribuidores procuram leite fermentado com boa qualidade de conservação e elevado número de bactérias benéficas.

Até à data, o leitelho era considerado um artigo de uso doméstico. Atualmente, muitas fábricas de lacticínios na Índia produzem leitelho à escala comercial como um produto de valor acrescentado, o que lhes permite obter uma margem de lucro muito boa. No entanto, o potencial do leitelho como bebida saudável não tem sido adequadamente explorado pelas fábricas de lacticínios comerciais. Quase nenhuma bebida à base de leite fluido pode competir com os refrigerantes no nosso país. As bebidas à base de leitelho, se bem estandardizadas e comercializadas, podem tornar-se um sucesso de mercado devido às suas qualidades terapêuticas, nutritivas, deliciosas, refrescantes e de matar a sede.

O leitelho é um produto lácteo fermentado "pronto a servir". Tradicionalmente, o leitelho é preparado a partir de *dahi* numa panela de barro com a ajuda de um agitador de madeira. Originalmente, o leitelho referia-se ao líquido que sobrava da batedura da manteiga a partir de natas cultivadas ou fermentadas. Tradicionalmente, antes de se poder desnatar a nata do leite gordo, o leite era deixado em repouso durante algum tempo para permitir a separação da nata e do leite. Durante este tempo, as bactérias produtoras de ácido lático naturalmente presentes no leite fermentam-no. Isto facilita o processo de batedura da manteiga, uma vez que a gordura da nata com um pH mais baixo coalesce mais facilmente do que a da nata fresca. O ambiente ácido também ajuda a evitar o crescimento de microrganismos potencialmente nocivos, aumentando o prazo de validade. No entanto, nos estabelecimentos que utilizavam separadores de nata, a nata quase não era ácida. No subcontinente indiano, o termo *"leitelho"* refere-se ao líquido que sobra após a extração da manteiga das natas batidas. Atualmente, este líquido é designado por *leitelho tradicional*. O leitelho também pode ser salgado e condimentado, adicionando sal e especiarias como a canela (*Cinnamomum zeylanicum*), o gengibre (*Zingiber officinale*), os coentros (*Coriandrum sativum*) e os cominhos (*Cuminum cyminum*) sob a forma de pasta ou pó. No entanto, o sal e os cominhos são aditivos muito utilizados na Índia.

As plantas, os animais e os micróbios representam uma fonte ilimitada de compostos com propriedades medicinais. As especiarias têm sido utilizadas não só para dar sabor e aroma aos alimentos, mas também para conferir propriedades antimicrobianas (Nanasombat *et al.,* 2005). As especiarias podem contribuir para o sabor picante dos alimentos e das bebidas (Praveen *et al.,* 2006). Para além disso, as especiarias são alguns dos agentes antimicrobianos naturais mais utilizados nos alimentos. Alguns dos compostos naturais encontrados em várias especiarias possuem propriedades antimicrobianas. Por conseguinte, devem ser tomadas medidas para controlar este problema utilizando os extractos de plantas que contêm fitoquímicos com propriedades antimicrobianas (Agaoglu *et al.,* 2007). Desde a antiguidade, os seres humanos utilizam as especiarias como agentes nutricionais.

As especiarias têm sido importantes para a humanidade desde o início da história. Várias provas mitológicas, incluindo a "Epopeia de Gilgamaesh" e o "Bagavad Gita", sugerem a sua utilização para vários fins. Devido à sua forte qualidade conservante, as especiarias eram também utilizadas para embalsamar. De acordo com a U.S. Food and Drug Administration (FDA), especiaria é uma "substância vegetal aromática na forma inteira, partida ou moída, cuja função significativa nos alimentos é o tempero e não a nutrição" e da qual "nenhuma porção de qualquer óleo volátil ou outro princípio aromatizante foi removida". Segundo a Ayurveda, ajudam a manter o equilíbrio dos humores do corpo. Para além destas, as especiarias têm sido utilizadas para alterar o aspeto físico dos alimentos. Por exemplo, a pimenta e a curcuma alteram a cor, o aspeto e o sabor dos alimentos com muitos benefícios para a saúde. O gengibre, a noz-moscada e a canela melhoram a digestão, sendo considerados bons para o baço e para as dores de garganta. Infelizmente, este efeito benéfico das especiarias não está clinicamente comprovado. No entanto, as práticas tradicionais enfatizam os benefícios das especiarias para a saúde. Eventualmente, estudos recentes destacaram outras funções biológicas das especiarias, incluindo antimicrobiana, antioxidante e anti-inflamatória. As especiarias são mercadorias de elevado valor e baixo volume de comércio no mercado mundial. Em todo o mundo, a indústria alimentar, em rápido crescimento, depende em grande medida das especiarias como factores de sabor e aroma. Nos países desenvolvidos, os consumidores preocupados com a saúde preferem os corantes e aromas naturais de origem vegetal aos sintéticos baratos. Assim, as especiarias são os componentes básicos do sabor nas preparações alimentares. A taxa de crescimento estimada para a procura de especiarias no mundo é de cerca de 3,19%, o que é ligeiramente superior à taxa de crescimento da população. A Índia é conhecida como "A casa das especiarias". Nenhuma refeição indiana é considerada completa sem o sabor picante e delicioso das especiarias indianas, localmente conhecidas como "*Masala*". As especiarias indianas, famosas em todo o mundo pelo seu valor gástrico, são conhecidas por possuírem elevados valores medicinais.

"O apelo das especiarias exóticas era tão grande que se acreditava que eram uma prenda digna da realeza." Muitas cozinhas antigas, entre elas a indiana e a indonésia, cresceram ao lado das especiarias indígenas que as identificam. Outras, como a italiana e a espanhola, beneficiaram da natureza migratória do comércio de especiarias, adoptando especiarias exóticas e ligando-as indelevelmente à sua própria comida. À medida que a investigação, tanto antiga como recente, nos ajuda a compreender melhor os efeitos curativos das especiarias - tanto psicológicos como físicos - a importância das especiarias nas nossas vidas torna-se ainda maior.

Desde tempos imemoriais, as especiarias têm desempenhado um papel vital no comércio mundial devido às suas propriedades e aplicações variadas. Dependemos principalmente das especiarias para dar sabor e fragrância, bem como cor, conservantes e qualidades medicinais inerentes.

A Índia, com as suas condições climáticas e de solo favoráveis ao cultivo de especiarias e outras ervas semi-tropicais, está na vanguarda entre os países produtores de especiarias. As especiarias que a Índia pode oferecer em abundância são a canela, o gengibre, a curcuma, o cardamomo, os cominhos e o cravinho.

As especiarias influenciam vários sistemas do corpo, como o sistema gastrointestinal, cardiovascular, reprodutivo e nervoso, resultando em diversas acções metabólicas e fisiológicas. Como herdeiros de uma longa tradição de utilização de especiarias na alimentação, bem como em medicamentos indígenas, sabemos que se trata de tratamentos muitas vezes aperfeiçoados ao longo de séculos, com reputações de eficácia bem estabelecidas.

Na Índia, as referências às propriedades curativas das especiarias no Rigveda e no Atharvaveda parecem ser, sem dúvida, os primeiros registos da utilização de ervas na medicina. A tradição atribui todo o tipo de benefícios a todas as especiarias, condimentos e ervas, que são ingredientes importantes nas prescrições dos sistemas de medicina indianos, incluindo os sistemas Ayurveda, Siddha e Unani. As especiarias são um conjunto heterogéneo de uma grande variedade de substâncias químicas voláteis e não voláteis obtidas a partir de plantas aromáticas secas de plantas tropicais - geralmente as sementes, bagas, raízes, vagens e, por vezes, folhas. Nas culturas tradicionais, as utilizações medicinais são muitas vezes indistinguíveis das suas utilizações culinárias.

A casca de várias espécies de canela é uma das especiarias mais importantes e populares utilizadas em todo o mundo, não só para cozinhar, mas também em medicamentos tradicionais e modernos. No total, foram identificadas cerca de 250 espécies do género canela, com árvores espalhadas por todo o mundo (Vangalapati *et al.,* 2012).

A canela (*Cinnamomum zeylanicum*) provém da casca de uma pequena árvore perene do sudoeste asiático e está disponível sob a forma de óleo, extrato, pó seco ou paus. A palavra canela vem do grego Kinnamomon (Maheshwari *et al.,* 2013). As árvores de canela são cultivadas no Sri Lanka e em zonas tropicais da Ásia, no Sul da Índia e em ilhas como Andaman, Nicobar, Lakshadweep e Maldivas. A canela é de cor castanha avermelhada e tem uma persistência pungente, ardente e ligeiramente amarga, com um travo quente, picante e muito agradável. (Nain *et al.,* 2009)

A casca da canela pode ter um efeito potenciador sobre a insulina e pode ser útil no tratamento da diabetes tipo 2, bem como na redução dos níveis de triglicéridos e do colesterol sérico (Khan *et al.,* 1990; Broedhurst *et al.,* 2000; Onderoglu *et al.,* 1999).

Os seus óleos essenciais contêm princípios antifúngicos e antibacterianos que podem ser utilizados para prevenir a deterioração dos alimentos devido à contaminação bacteriana (Fabio *et al.,* 2003).

Os constituintes da canela possuem uma ação antioxidante e podem revelar-se benéficos contra os danos causados pelos radicais livres nas membranas celulares (Dragland *et al.,* 2003).

Foi referido que o aldeído cinâmico, o principal componente do óleo de canela, a 150 ppm inibiu o crescimento e a produção de toxinas de *Aspergillus parsiticus* em rebuçados e produtos de pastelaria. Noutro estudo, verificou-se que a canela tem propriedades antimicrobianas contra *Compylobacter jejuni, Salmonella enteritidis, E.coli, Staphylococcus aureus* e *Listeria monocytogenes.*

Recentemente, surgiram dados encorajadores para incluir as especiarias como os "novos nutrientes". A casca de canela moída está a tornar-se mais popular como ingrediente para dar sabor a vários condimentos e sobremesas, como em bolos, especialmente bolos ricos em fruta, biscoitos, bolachas e pudins.

O presente estudo tem por objetivo aumentar o prazo de validade do leitelho através da adição de canela. As especiarias contêm uma grande quantidade de metabolitos secundários, têm uma elevada atividade antimicrobiana e podem ser utilizadas como um bom bioprotector e também para fins medicinais. Tendo em conta todos estes pontos, a presente investigação é proposta com os seguintes objectivos

J Para preparar o leitelho com canela

J Estudar as características físico-químicas, microbiológicas e sensoriais do produto preparado

J Efetuar a análise da armazenagem do produto preparado

CAPÍTULO II

REVISÃO DA LITERATURA

A forma mais simples de transformar o leite para consumo humano é a fermentação do leite por certos microrganismos desejáveis. O leitelho, uma bebida popular à base de leite de cultura, não só é refrescante, deliciosa e nutritiva, como também possui a propriedade de matar a sede e um elevado valor terapêutico, pelo que é bastante popular entre todos os grupos etários. No entanto, sendo uma preparação doméstica, a tecnologia necessária para o fabrico de leitelho não foi sistematicamente padronizada. Existe pouca literatura publicada sobre este produto.

2.1 Valor nutritivo do leite fermentado

A presença de milhões de microrganismos em cada mililitro de leite tem um efeito poderoso e duradouro, uma vez que transformam o leite em coalhada ou noutros produtos lácteos fermentados. Não só a concentração dos componentes de várias categorias de nutrientes que actuam como substrato para várias enzimas microbianas diminui, como também aparecem outros componentes, que antes eram quase inexistentes (Blanc, 1984). A preferência dos consumidores a nível mundial, especialmente entre as crianças e as mulheres, por produtos lácteos de cultura, como o iogurte e o queijo fresco, tem sido registada (Cock, 2001), devido ao seu significado nutricional e terapêutico (Sarkar, 2002, Mathur *et al.*, 2000).

2.2 Aspectos terapêuticos

Desde tempos imemoriais, os aspectos terapêuticos dos leites fermentados são conhecidos pelos seres humanos. De seguida, descrevem-se vários aspectos relevantes abordados na literatura.

2.2.1 Efeito anticolesterolémico

Mann (1977) referiu que o efeito anticolesterolémico se deve à formação de ácido hidroxilmetilglutárico e/ou ácido orótico, que presumivelmente inibe uma enzima limitadora da taxa envolvida na biossíntese do colesterol. Chawla e Kansal (1983) defenderam a inibição da glucose-6-fosfato desidrogenase e da 6-fosfogluconato desidrogenase como razões para a diminuição da biossíntese do colesterol em ratos após o consumo de leite de vaca *dahi*.

2.2.2 Efeito anticancerígeno

As estirpes de iogurte foram capazes de abrandar a evolução de vários cancros, ou seja, o tumor de Ehrlich (Reddy *et al.*, 1973) e o sarcoma ou leucemia (Tsuchiya *et al.*, 1982). Verificou-se que *Str. thermophilus* e *Lb. bulgaricus* inibiam os efeitos mutagénicos de substâncias artificiais e naturais (Hosono *et al.*, 1986).

2.2.3 Imunidade

É um dos sistemas mais importantes de proteção do nosso organismo contra invasores estranhos. Conge *et al.* (1980) compararam o efeito do iogurte vivo e do iogurte aquecido no sistema imunitário e na resposta de crescimento em ratos. O ganho de peso não foi significativamente afetado nos ratos alimentados com ambos os iogurtes.

2.2.4 Digestibilidade da lactose

As bactérias lácticas do iogurte e especificamente o *Lb. bulgaricus* melhoram a digestibilidade da lactose (Antoine, 1989). A atividade da lactase intestinal do rato alimentado com iogurte natural foi relatada como sendo mais elevada em comparação com o iogurte aquecido (Goodenough e Kleyn, 1976).

2.2.5 Terapia gastro-intestinal

Observou-se que o *Campylobacter jejuni* era incapaz de sobreviver mais de 25 minutos quando injetado no iogurte (Cuk *et al.*, 1987). Em condições de higiene precárias, o iogurte é mais seguro do que o leite cru e as crianças que bebem iogurte terão menos riscos de contaminação do que com o leite cru (Antoine, 1989). Shapiro (1960) relatou que o iogurte ajuda a restaurar a flora intestinal normal perturbada pela terapia antibiótica. O leitelho também pode ser considerado como um produto que possui estas propriedades valiosas.

2.3 Tratamento térmico do leite destinado ao fabrico de *dahi*

O tratamento térmico do leite destrói os microrganismos patogénicos e reduz o número de outros organismos, a fim de aumentar a qualidade de conservação, e inativa também certas enzimas do leite. O tratamento térmico do leite para fermentação requer uma temperatura mais elevada e um tempo de retenção mais longo do que o utilizado para a pasteurização normal do leite. A principal função do tratamento térmico utilizado é reduzir os microrganismos indesejáveis, inativar as enzimas naturais e, subsequentemente, aumentar o prazo de validade do produto acabado (Rangappa, 1947; Ray, 1970; e Mohan, 1980).

2.4 Importância do tipo de cultura no fabrico de leites fermentados

Diz-se que o fermento é o coração da indústria do leite fermentado devido ao seu papel inevitável durante todo o processo de fabrico. Vários autores recomendaram diferentes bactérias de arranque em diferentes proporções para o fabrico de *dahi* (Patel *et al.*, 1983 e Deka *et al.*, 1984).

2.5 Efeito da taxa de inoculação e incubação na qualidade do *dahi* e do leitelho

Várias combinações de inóculos e seus níveis têm sido utilizados por diferentes investigadores na preparação de *dahi,* iogurte e produtos lácteos cultivados semelhantes com o objetivo de obter a acidez desejada juntamente com um bom corpo, textura e atributos oraganolépticos no produto. *O Dahi* também pode ser fabricado a partir de leite de vaca, de búfala e de mercado, utilizando taxas de inoculação de 1 ou 2,5 por cento e incubação de 12 h a 30 "C (Oommen, 1972).

Patel *et al.* (1983) enfatizaram a necessidade de uma seleção cuidadosa da combinação de culturas de arranque e da temperatura de incubação quando o leite de cultura é fabricado utilizando uma elevada taxa de inóculos (5 por cento). Deka *et al.* (1984) formularam Lassi (bebida de cultura) a partir de soja e leitelho. Inocularam *Lb. bulgaricus* e *Str. thermophilus* a uma taxa de 2 por cento. A cultura inicial de iogurte individual exibiu diferentes temperaturas óptimas de crescimento, mas recomenda-se que os organismos sejam propagados em conjunto a 42°C utilizando uma taxa de inoculação de 2% (Tamime, 1977). Ray e Srinivasan (1972) sugeriram a utilização de um nível de 3 por cento para culturas mistas de *Str. thermophilus e Lb. Bulgaricus* (3:1); verificou-se que a acidez aumenta com o nível de TMS no leite (14 a 17 por cento). Registaram-se grandes variações (1-10%) no que diz respeito ao nível de inoculação da cultura inicial para o fabrico de *dahi*.

Assim, a investigação relevante mostra uma influência significativa da taxa de inóculos no nível de acidez alcançado e na qualidade geral do leite fermentado. Pode inferir-se que a seleção da taxa de inóculos adequada é muito importante para obter uma boa qualidade da coalhada destinada à preparação de leitelho.

2.6 Alterações provocadas pela incubação da cultura

A alteração mais importante que ocorre durante o fabrico de *dahi* é a produção de ácido lático, que ajuda a desestabilizar as micelas de caseína e a orientá-las para formar redes tridimensionais, outros constituintes do leite ficam presos nesta rede e, subsequentemente, forma-se o gel. Durante a incubação, os organismos de arranque produzem proteinases e lipases. Os produtos obtidos devido à ação destas enzimas, juntamente com o ácido lático, contribuem para o sabor caraterístico do produto.

2.6.1 Fermentação da lactose

Bhandari (1982), observou que a fermentação da lactose era mais rápida se o leite fosse agitado durante a incubação. Ele realizou experiências de laboratório na preparação de Lassi a partir de leite padronizado (3,5 por cento de gordura e 9 por cento de SNF). Durante a fermentação, a lactose não é totalmente utilizada porque o aumento da quantidade de ácido lático produzido suprime o crescimento dos organismos do iogurte. Em condições normais, 20 a 30 por cento da lactose é fermentada para obter iogurte com 0,8 a 0,9 por cento de ácido lático.

2.6.2 Atividade proteolítica

As bactérias do ácido lático são geralmente consideradas como sendo muito fracamente proteolíticas, mas causam um grau significativo de proteólise em muitos produtos lácteos fermentados, incluindo o iogurte. Pensava-se que as bactérias do iogurte *Str. thrmophilus e Lb. bulgaricus* não eram proteolíticas. No entanto, à medida que os ensaios proteolíticos se tornaram mais sensíveis, os investigadores relataram a produção de proteinases e peptidases por estas enzimas, o que leva a alterações nos compostos de sabor e aumenta a quantidade de azoto solúvel e os aminoácidos (Dellaglio, 1988).

2.6.3 Alterações lípticas durante o fabrico

A lipase natural do leite é completamente inactivada durante a pasteurização do leite. No entanto, os fermentos lácteos utilizados no fabrico de *dahi* podem conter/elaborar enzimas lípolíticas e podem provocar alterações lípolíticas durante a incubação, o que contribui significativamente para o sabor do produto lácteo fermentado. O metabolismo das gorduras ocorre em pequena escala no iogurte, mas verifica-se que contribui significativamente para o sabor. As alterações lípticas ocorrem regularmente e as bactérias do ácido lático hidrolisam principalmente triglicéridos de cadeia longa (Dellaglio, 1988).

2.6.4 Alterações da gordura

Embora possam ocorrer alterações lipolíticas na gordura, não se verificam alterações no teor de gordura do leite durante o fabrico do *dahi* (Khambata e Dastur, 1950). Os glóbulos de gordura, sendo mais leves do que o soro, têm tendência a separar-se e a formar uma camada de creme no topo. A taxa de separação varia inversamente com a profundidade, mas é diretamente proporcional ao quadrado do tamanho dos glóbulos de gordura durante o fabrico da coalhada. Assim, a camada superior do *dahi* contém mais gordura do que a camada inferior (Kothavalla, 1946; e Singh *et al.,* 1970)

2.6.5 Evolução das proteínas

O teor proteico do *dahi* e do iogurte pode ser ligeiramente elevado devido à concentração durante o aquecimento e à contribuição da proteína biológica produzida durante o crescimento dos organismos de arranque. O estado das proteínas pode ser alterado devido à fraca atividade proteolítica das bactérias do ácido lático (Dutta *et al.,* 1971

2.6.6 Compostos aromáticos

O aroma típico dos leites fermentados provém principalmente de uma mistura de ácido lático e de compostos carbonílicos, de outros compostos como os ácidos não voláteis (pirúvico, oxálico ou succínico) e de ácidos voláteis (fórmico, acético, propiónico). Vários investigadores (Dutta *et al.,* 1973 e Baisya e Bose, 1975) demonstraram igualmente que o sabor do iogurte natural ou simples está diretamente associado aos compostos carbonílicos, nomeadamente ao acetaldeído, produzidos no produto por culturas *termofílicas.*

2.6.7 Teor de vitaminas

Durante a fermentação do leite, algumas vitaminas são consumidas pelas bactérias iniciadoras, enquanto outras são ativamente sintetizadas. A quantidade efectiva de vitaminas consumidas e sintetizadas depende das estirpes de bactérias iniciadoras utilizadas, do tamanho dos inóculos e das condições de fermentação (Shahani *et al.*, 1974 e Reddy *et al.*, 1976).

2.7 Alterações que ocorrem no leite fermentado durante o armazenamento

O leite ou o leite de cultura proporciona um meio muito bom para o crescimento de microrganismos presentes no leite, bem como de organismos de cultura durante a armazenagem do produto. O produto de leite de cultura pode ser sujeito a um tratamento térmico após a incubação para prolongar o seu prazo de validade. Ainda assim, são óbvias certas alterações específicas e não específicas nos produtos tratados termicamente. As alterações relacionadas com a presente investigação são delineadas a seguir.

2.8 Soro de leite coalhado

Buttermilk refere-se a uma série de bebidas lácteas. Originalmente, o leitelho era o líquido que restava depois de bater a manteiga nas natas. Este tipo de leitelho é conhecido como leitelho tradicional. Na Ayurveda, o leitelho é utilizado tanto para manter a saúde como para o tratamento de doenças. Há razões que justificam estas utilizações do leitelho para a saúde. É fácil de digerir, tem propriedades adstringentes e um sabor azedo.

2.8.1 Composição química do leitelho

A composição química do leitelho varia em grande medida, dependendo da quantidade de água adicionada à nata. Alguns dos fabricantes de manteiga padronizam a nata com água, diminuindo assim o nível de sólidos totais do leitelho. A composição química do leitelho produzido em condições ideais é quase semelhante à do leite desnatado.

Tabela 2.1 Composição química do leitelho (Toshinval *et al.*, 2009)

Características	Creme doce Leitelho	Leite magro
Sólidos totais (%)	9.88	10.18
Gordura (%)	0.59	0.09
Proteína total (%)	3.73	4.27
Lactose (%)	4.81	5.2
Cinzas (%)	0.75	0.82
Fosfolípidos totais (mg %)	78.76	8.65

2.9 Benefícios do leitelho

2.9.1 Origem dos nutrientes:

O leitelho é um alimento completo. É nutritivo e contém todos os elementos necessários para uma boa dieta equilibrada. Tem proteínas, hidratos de carbono, lípidos mínimos, vitaminas e enzimas essenciais e constitui uma refeição completa em qualquer lugar e em qualquer altura. Deve ser incluído em todas as dietas e ser consumido diariamente. Como mais de 90 por cento do leitelho é água, o seu consumo ajuda a manter o equilíbrio hídrico do corpo. É absorvido lentamente pelos intestinos, uma vez que o seu conteúdo é maioritariamente combinado com proteínas. É melhor beber leitelho do que qualquer outra bebida aromatizada ou apenas água pura. O leitelho fermentado tem um sabor azedo, mas biologicamente é muito nutritivo para o corpo e os tecidos humanos.

2.9.2 Eficaz para a digestão:

O leitelho tem a tendência para lavar a comida picante e acalma o revestimento do estômago quando consumido após uma refeição picante. O leitelho é fundamental para reduzir o calor do corpo. É muito apreciado pelas mulheres, tanto na pré como na pós-menopausa, uma vez que reduz o calor corporal e alivia muitos dos sintomas de que estas mulheres sofrem. Para quem procura um alívio para os afrontamentos, o leitelho é uma excelente forma de contrabalançar estes sintomas incómodos. Mesmo os homens que têm uma taxa metabólica e uma temperatura corporal elevadas podem tirar partido das vantagens do leitelho para reduzir o calor corporal.

2.9.3 Eficaz contra a desidratação:

Feito de iogurte com adição de sal e especiarias, o leitelho é uma terapia eficaz para prevenir a desidratação. Está cheio de electrólitos e é uma das melhores bebidas para combater o calor e a perda de água do corpo. No verão, é verdadeiramente uma bebida para saborear. Assim, o leitelho é benéfico no verão, reduzindo os problemas relacionados com o verão, como o calor intenso e o mal-estar geral.

2.9.4 Fornece cálcio :

Muitas vezes as pessoas pensam que, como se chama leitelho, deve estar cheio de gordura e calorias. No entanto, tem menos gordura do que o leite gordo normal. O leite contém um ingrediente importante - o cálcio. O leite também está carregado de gorduras. Por vezes, as pessoas intolerantes à lactose (aquelas que têm de se abster de consumir leite) não têm outra fonte de cálcio natural. Estas pessoas podem obter a dose necessária através do consumo de leitelho. Não causará qualquer reação adversa, uma vez que a lactose foi transformada em ácido lático pelas bactérias saudáveis presentes no leitelho. O cálcio apoia a comunicação celular e a contração dos músculos. O leitelho fornece cálcio e suplementos nutricionais sem a adição de calorias. Como resultado de todas estas qualidades, incluir o leitelho na dieta diária é uma escolha acertada para o consumidor atento à saúde.

2.9.5 Rico em vitaminas

O leitelho é um tesouro de vitaminas, como as vitaminas do complexo B e a vitamina D. Isto faz do leitelho uma boa escolha para superar a fraqueza e a anemia causadas pela insuficiência vitamínica. A vitamina D presente no leitelho fortalece o sistema imunitário, tornando-o menos suscetível a infecções. Uma dose desta bebida dá-lhe mais de 21% da dose diária sugerida.

2.9.6 Ajuda a reduzir o colesterol:

Um remédio natural para baixar e controlar o colesterol no sangue é o leitelho. Os seus constituintes são muito eficazes para manter o colesterol sob controlo. Até os textos da Ayurveda exaltam as virtudes do consumo de leitelho para uma boa saúde.

2.9.7 Reforça o esqueleto do corpo:

Feito através da diluição do iogurte, o leitelho contém todas as qualidades do leite e muito mais. É uma fonte rica de cálcio, um elemento essencial para a construção dos ossos e do sistema esquelético do corpo. Também ajuda os dentes a ficarem fortes. Pode dar leitelho ao seu filho para que ele tenha ossos e dentes fortes e saudáveis. O cálcio contido nesta bebida é absorvido pelo tecido ósseo e ajuda a manter a densidade óssea. Também nutre os tecidos do coração e de outros órgãos, incluindo os nervos e os músculos.

2.9.8 Aumentar a potência imunitária:

Esta bebida é rica em bactérias do ácido lático. Esta bactéria reforça o sistema imunitário e ajuda o corpo a combater os agentes patogénicos prejudiciais presentes nos alimentos do dia a dia. Muitos dos benefícios do leitelho estão relacionados com o facto de manter as doenças afastadas, actuando sobre as bactérias. Como probiótico, é ativo contra infecções vaginais e infecções do trato urinário. As infecções por Candida são um problema comum em mulheres diabéticas e o consumo de leitelho regularmente tem mostrado uma diminuição dessas incidências.

2.9.9 Prevenir a ocorrência de úlceras:

Vários estudos de caso foram documentados para provar que beber leitelho é uma terapia natural contra as úlceras. Como o leitelho ajuda a neutralizar os ácidos no estômago, revestindo o revestimento do estômago, evita a azia e impede que os ácidos subam para o esófago. Esta bebida é óptima para pessoas que sofrem de DRGE. De um modo geral, devido ao seu efeito refrescante, as úlceras também são impedidas de rebentar.

2.10O leitelho é a chave para uma boa saúde

Como *Takra* ajuda na digestão correcta, pois tem a propriedade de *tridoshahara*. E é principalmente indicado em perturbações relacionadas com o trato gastrointestinal. Uma vez que o leitelho contém quase todas as vitaminas, minerais, energia e proteínas, pode ser considerado como parte de uma dieta equilibrada para manter a saúde. Como contém probióticos que facilitam a digestão e o processo de absorção adequados, mantém o metabolismo adequado para manter a pessoa livre de doenças.... Por isso, beba um copo de leitelho e mantenha-se feliz e refrescante.

2.11 História das plantas medicinais/ervas aromáticas

Na Índia, a utilização de ervas medicinais é tão antiga como 1500 a.C.. Tanto as tradições populares como os sistemas de conhecimento codificados contribuíram para uma compreensão profunda do valor medicinal das plantas. Começando pelas referências no Atharvaveda, temos provas textuais de uma tradição de utilização de plantas medicinais com mais de três mil anos.

Estima-se que cerca de 80.000 espécies de plantas são utilizadas pelos diferentes sistemas de medicina indiana. O conhecimento indígena sobre plantas e produtos vegetais é bastante pormenorizado e sofisticado e evoluiu para um shashtra (ramo de aprendizagem) separado, chamado Dravya Guna Shashtra. As tradições codificadas têm cerca de 25 000 fórmulas de drogas vegetais que resultaram desses estudos. Para além disso, acredita-se que existam mais de 50.000 fórmulas nas tradições populares e tribais. Tudo isto aponta para a profunda paixão por um conhecimento exaustivo das plantas medicinais que existem na terra desde tempos imemoriais. Os Vedas, poemas épicos, contêm material rico sobre as plantas medicinais da época.

Por volta de 1500 a.C., a Ayurveda foi delineada em oito ramos específicos da medicina. Nessa altura, existiam duas escolas principais de Ayurveda: Atreya- a escola dos médicos; e Dhanvantari- a escola dos cirurgiões. Estas duas escolas fizeram da Ayurveda um sistema médico mais cientificamente verificável e classificável. Através da investigação e dos testes, dissiparam as dúvidas dos mais práticos e científicos, eliminando a aura de mistério que rodeava o conceito de revelação divina. Consequentemente, a Ayurveda tornou-se num sistema de cura respeitado e amplamente utilizado na Índia. Pessoas de numerosos países vieram às escolas ayurvédicas indianas para aprender sobre esta medicina mundial na sua plenitude. Chineses, tibetanos, gregos, romanos, egípcios, afegãos, persas e muitos outros viajaram para aprender a sabedoria completa e levá-la para os seus países.

De acordo com a OMS, mais de mil milhões de pessoas dependem, em certa medida, de medicamentos à base de plantas. A OMS enumerou 21 000 plantas que têm utilizações medicinais comprovadas em todo o mundo. A Índia possui uma rica flora de plantas medicinais com cerca de 2500 espécies. Destas, 150 espécies são utilizadas comercialmente numa escala bastante grande. Os investigadores estrangeiros sempre apreciaram os

curandeiros tradicionais indianos. (www.motherherbs.com)
2.12 Benefícios terapêuticos das plantas medicinais/ervas aromáticas
Em contraste com o estatuto regulamentado na Índia, na China e noutros países, os medicamentos à base de plantas são considerados suplementos alimentares para humanos nos EUA e são amplamente utilizados. Segundo consta, aproximadamente um quarto dos adultos utilizou ervas para tratar uma doença médica no ano passado nos EUA (Bent e Ko, 2004).

As ervas aromáticas e os seus óleos essenciais têm sido utilizados extensivamente durante muitos anos em produtos alimentares, perfumaria e produtos dentários e orais devido às suas diferentes propriedades medicinais (Suppakul *et al.*, 2003). As recentes proibições e restrições à utilização de antibióticos promotores de crescimento em animais estimularam o interesse pelos metabolitos secundários bioactivos de origem vegetal como melhoradores de desempenho alternativos (Greathead, 2003).

As ervas aromáticas e as especiarias sempre ajudaram a ultrapassar as questões de segurança alimentar. Na alimentação animal moderna, são frequentemente esquecidas devido à utilização de promotores de crescimento antimicrobianos como aditivos alimentares. Estas plantas, os seus extractos e/ou óleos essenciais têm sido utilizados como remédios para algumas doenças e como conservantes de alimentos desde a antiguidade. Por conseguinte, as suas utilizações são de grande importância no que respeita à saúde pública (Yasar *et al.*, 2005).

Os fitomedicamentos são bons suplementos alimentares, que são nutritivos e reabastecem o organismo. Por exemplo, as sementes de girassol (*Helianthus annuus*) fornecem vitamina B6 (piridoxina). Os fitomedicamentos são eficazes no tratamento de doenças infecciosas e limitam os efeitos secundários associados aos medicamentos antimicrobianos sintéticos.
2.13 Efeitos das plantas medicinais/especiarias nos microrganismos
2.13.1 Efeitos estimulantes das plantas medicinais
Certos polissacáridos vegetais são atualmente reconhecidos como tendo um efeito prebiótico (Cummings e Macfarlane, 2002). Os prebióticos são definidos como ingredientes alimentares não digeríveis que afectam beneficamente o hospedeiro através da estimulação selectiva do crescimento ou da atividade de uma ou de um número limitado de espécies bacterianas no cólon, beneficiando assim a saúde do hospedeiro (Gibson e Roberfroid, 1995). Os hidratos de carbono, especialmente os oligossacáridos e os polissacáridos, têm sido utilizados como prebióticos para influenciar a composição das populações bacterianas no intestino grosso de várias espécies animais (Grizard e Barthomeuf, 1999; Rycroft *et al.*, 200; Korakli *et al.*, 2002). Em relação à saúde humana, a atenção tem-se centrado nos factores bífidos derivados de plantas, que promovem o crescimento de bifidobactérias ou inibidores do crescimento de bactérias nocivas como Clostridia spp. e Escherichia coli, porque as plantas constituem uma fonte rica de produtos químicos bioactivos e muitos deles estão em grande parte isentos de efeitos adversos nocivos. Foi referido que, entre 78 espécies de plantas medicinais orientais, o extrato de metanol da casca de *Cinnamomum cassia* revelou uma potente atividade inibidora do crescimento de Clostridium perfringens (Ahn *et al.,* 1994).
2.13.2 Efeitos inibitórios das plantas medicinais
Extractos individuais ou combinados de tomilho preto, funcho, salva, chá selvagem e hortelã selvagem foram utilizados para avaliar a atividade antibacteriana in vitro contra bactérias patogénicas comuns e bactérias do ácido lático. Os extractos de plantas combinados (proporção de mistura de 1 para 1) proporcionaram um efeito antibacteriano completo contra bactérias patogénicas em comparação com os extractos de plantas individuais. A inibição das

bactérias do ácido lático foi mais fraca com os extractos de plantas individuais do que com o extrato de plantas combinado. Dos extractos de plantas, o tomilho preto teve a atividade antibacteriana mais forte, seguido do chá selvagem e da hortelã selvagem numa ordem descendente. Os extractos de plantas combinados com forte inibição contra bactérias patogénicas também apresentaram uma forte inibição contra bactérias do ácido lático. Por conseguinte, os extractos de plantas combinados com efeitos inibitórios moderados contra as bactérias patogénicas e as bactérias do ácido lático podem ser suficientemente óptimos quando se considera um aditivo natural para a alimentação animal para melhorar a saúde intestinal dos animais (Yasar *et al.*, 2005).

2.14 Especiaria selecionada

2.14.1 Canela

Fig 2.1 Canela

Muitos remédios à base de plantas têm sido utilizados em vários sistemas médicos para o tratamento e gestão de diferentes doenças. Uma especiaria é uma semente seca, fruto, raiz, casca ou substância vegetativa utilizada em quantidades nutricionalmente insignificantes como aditivo alimentar para dar sabor, cor ou como conservante que mata bactérias nocivas ou impede o seu crescimento. A canela é uma especiaria obtida a partir da casca interna de várias árvores do género *Cinnamomum* que é utilizada tanto em alimentos doces como salgados. A palavra canela vem do grego *kinnamomon*. A canela é uma árvore perene da zona tropical, membro da família *Lauraceae*, que tem sido utilizada no quotidiano como especiaria. A revisão da literatura sobre a canela revelou que esta contém principalmente óleos essenciais e compostos importantes como o cinamaldeído, o eugenol, o ácido cinâmico e o cinamato (Vangalpati *et al.*, 2012).

A casca de várias espécies de canela é uma das especiarias mais importantes e populares utilizadas em todo o mundo, não só na culinária, mas também na medicina tradicional e moderna. No total, foram identificadas aproximadamente 250 espécies do género canela, com árvores espalhadas por todo o mundo A canela é utilizada principalmente nas indústrias de aromas e essências devido à sua fragrância, que pode ser incorporada em diferentes variedades de alimentos, perfumes e produtos medicinais Os constituintes mais importantes da canela são o cinamaldeído e o trans-cinamaldeído (Cin), que estão presentes no óleo essencial, contribuindo assim para a fragrância e para as várias actividades biológicas observadas na canela. A canela é uma das especiarias mais antigas e mais frequentemente consumidas no mundo, sendo utilizada como um remédio herbal.

2.14.2 Hierarquia vegetal:

Ordem: *Laurales* Família: *Lauraceae* Género: Canela

Nomes científicos: *Cinnnamomum verum, Cinnamomum cassia,*
Cinnamomum zeylanicum, Cinnamomum loureirii

Nomes comuns: *Canela, Cinnamomon, Canela do Ceilão,*
Canela chinesa, cássia chinesa, canela de Saigão

2.14.3 Componentes químicos

A canela é constituída por uma variedade de compostos resinosos, incluindo cinamaldeído, cinamato, ácido cinâmico e numerosos óleos essenciais. Singh *et al.* referiram que o sabor picante e a fragrância se devem à presença de cinamaldeído e ocorrem devido à absorção de oxigénio. À medida que a canela envelhece, a sua cor escurece, melhorando os seus compostos sinusóides. A presença de uma vasta gama de óleos essenciais, como o trans-cinamaldeído, o acetato de cinamilo, o eugenol, o L-borneol, o óxido de cariofileno, o b-cariofileno, o acetato de L-bornilo, o E-nerolidol, o a-cubebeno, o "-terpineol, o terpinoleno e o "-thujeno, foi registada.

Tabela 2.2: Constituintes químicos de diferentes partes da canela (Vangalpati *et al.*, 2012)

Parte da planta	Composto
Folhas	Cinamaldeído:1,00a5,00%
	Eugenol:70.00to95.00%
Casca	Cinamaldeído: 65,00 a 80,00%
	Eugenol: 5,00 a 10,00%
Casca da raiz	Cânfora: 60,00%
Fruta	*Trans* -cinamilacetato (42,00 a 54,00%) e cariofileno (9,00 a 14,00%)

2.14.4 Factos nutricionais da canela

A canela contém proteínas, hidratos de carbono, vitaminas (A, C, K, B3), minerais como cálcio, ferro, magnésio, manganês, fósforo, sódio, zinco, colina.

2.14.5 Variedades de canela

Existem dois tipos populares de canela; um é a "*canela verdadeira*" da árvore de canela que é nativa do Sri Lanka.

2.15 Benefícios da canela para a saúde

A canela (*Cinnamomum verum, sinónimo C. zeylanicum*) é uma pequena árvore perene, com 10-15 metros de altura, pertencente à família *Lauraceae*, nativa do Sri Lanka e do Sul da Índia. As flores, dispostas em panículas, têm uma cor esverdeada e um odor distinto. O fruto é uma baga roxa de um centímetro que contém uma única semente. O seu sabor é devido a um óleo essencial aromático que representa 0,5 a 1% da sua composição.

Na medicina, actua como outros óleos voláteis e, em tempos, teve a reputação de curar constipações. Também tem sido utilizada para tratar a diarreia e outros problemas do sistema digestivo. A canela é rica em atividade antioxidante. O óleo essencial de canela também tem propriedades antimicrobianas, que ajudam na conservação de certos alimentos. "Foi relatado que a canela tem efeitos farmacológicos notáveis no tratamento da diabetes tipo II. Tradicionalmente, a canela é utilizada para tratar dores de dentes e combater o mau hálito e acredita-se que a sua utilização regular evita a constipação comum e ajuda a digestão.

2.15.1 Antioxidante

Na Índia, as ervas aromáticas e as especiarias têm sido adicionadas a diferentes tipos de alimentos para conferir sabor e melhorar a estabilidade de armazenamento, desde tempos antigos. A indústria alimentar procura encontrar antioxidantes naturais para substituir os compostos sintéticos em aplicações alimentares, e uma tendência crescente nas preferências dos consumidores por antioxidantes naturais, o que deu mais ímpeto à exploração de fontes naturais de antioxidantes

Madhavi e Salunkhe referiram que os antioxidantes sintéticos habitualmente utilizados, como o butil-hidroxianisol (BHA) e o butil-hidroxi-tolueno (BHT), estão sujeitos a restrições legais devido a dúvidas sobre os seus efeitos tóxicos e cancerígenos. Por conseguinte, tem havido um interesse considerável na indústria alimentar em encontrar antioxidantes naturais para substituir os compostos sintéticos em aplicações alimentares, e uma tendência crescente nas preferências dos consumidores por antioxidantes naturais, o que deu mais ímpeto à exploração de fontes naturais de antioxidantes. Na Índia, as ervas aromáticas e as especiarias têm sido adicionadas a diferentes tipos de alimentos para conferir sabor e melhorar a estabilidade de armazenamento, desde tempos antigos.

Foi demonstrado que muitas ervas e especiarias conferem efeitos antioxidantes aos alimentos; os princípios activos são os fenólicos. Uma grande variedade de substâncias fenólicas derivadas de ervas e especiarias possuem propriedades antioxidantes.

Jayaprakasha *et al* mostraram que o fruto da canela, uma parte subutilizada e não convencional da planta, contém uma boa quantidade de antioxidantes fenólicos para contrariar os efeitos nocivos dos radicais livres e pode proteger contra a mutagénese.

2.15.2 Anti-úlcera

A utilização do extrato de canela para inibir o crescimento e a atividade da urease de H. pylori in-vitro provou ser mais eficaz do que o extrato de tomilho. A eficiência dos extractos de canela em meio líquido e a sua resistência a níveis de pH baixos podem aumentar o seu efeito num ambiente como o estômago humano.

2.15.3 Anti-microbianos

Atividade antimicrobiana da casca de canela a fase gasosa volátil de combinações de óleo de canela e óleo de cravinho mostrou um bom potencial para inibir o crescimento de fungos, leveduras e bactérias.

Matan *et al. relataram a* atividade antimicrobiana da casca de canela. A fase gasosa volátil de combinações de óleo de canela e óleo de cravinho mostrou um bom potencial para inibir o crescimento de fungos, leveduras e bactérias de deterioração normalmente encontrados em FMI (Alimentos de Humidade Intermédia) quando combinados com uma atmosfera modificada que inclui uma concentração elevada de CO_2 (40%) e uma concentração baixa de O_2 (<0,05%). A. flavus, que é conhecido por produzir toxinas, foi considerado o microrganismo mais resistente.

2.15.4 Anti-diabéticos

Subash *et al.* que a administração oral de cinamaldeído produz um efeito anti-hiperglicémico significativo, reduz os níveis de colesterol total e de triglicéridos e, ao mesmo tempo, aumenta o colesterol HDL em ratos diabéticos induzidos por STZ. Esta investigação revela o potencial do cinamaldeído para utilização como um agente oral natural, com efeitos hipoglicémicos e hipolipidémicos.

2.15.5 Anti-inflamatórios

Tung *et al.*(2008) demonstraram que o óleo essencial dos ramos de C. *osmophloeum* tem excelentes actividades anti-inflamatórias e citotoxicidade contra células HepG2 (linha celular de carcinoma hepático hepatocelular humano). Além disso, também indicou que os constituintes do galho de C. *osmophloeum* exibiam excelentes actividades anti-inflamatórias na supressão da produção de óxido nítrico por macrófagos estimulados por LPS (lipopolissacarídeo).

2.16 Produtos lácteos com adição de canela

Behare *et al.,* (2007) estudaram o método de aumentar o prazo de validade do leitelho de cultura através de um tratamento térmico adequado. O produto foi fermentado com uma mistura de Streptococcus thermophilus MD2, Streptococcus thermophilus DI6 e Lactobacillus acidophilus V3. O produto foi tratado termicamente a 55-65°C durante 5 min. O prazo de validade do leite de manteiga de controlo (T1) e tratado {55°C/5 min (T2), 60°C/5 min (T3), 65°C/5 min (T4) } foi estudado à temperatura ambiente (37+2°C) e refrigerada (7+2°C) com base nas alterações sensoriais, químicas e microbianas. As amostras armazenadas à temperatura ambiente permaneceram aceitáveis durante 1-2 dias. No caso de armazenamento refrigerado, T1 e T2 permaneceram aceitáveis durante 21 e 28 dias, enquanto T3 e T4 permaneceram aceitáveis mesmo no 35º dia[th] . Durante a armazenagem, a acidez, os AGL e o teor de azoto solúvel aumentaram, enquanto

Moritz *et al.,* (2015) estudaram a avaliação da atividade antimicrobiana do óleo essencial de canela (*Cinnamomum zeylanicum*) combinado com EDTA e polietilenoglicol em iogurte. A concentração de 0,04% de OE de canela, a maior concentração aceitável para análise sensorial em iogurte, isoladamente ou associada ao EDTA e/ou polietilenoglicol, não apresentou atividade antimicrobiana contra mesófilos aeróbios e leveduras e bolores. Concluiu-se que os OEs podem ser utilizados como agentes antimicrobianos em alimentos naturais. O pH e a pontuação sensorial diminuíram. A contagem microbiana também aumentou durante o armazenamento e o produto estragou-se principalmente devido ao sabor a levedura.

Karunarathne *et al.,* (2013) prepararam coalhada de búfala adicionando óleo essencial de canela para melhorar a qualidade e o prazo de validade. O estudo avaliou o efeito do óleo essencial de canela em três concentrações diferentes: 0,025%, 0,05% e 0,075%. Pode concluir-se que os três tratamentos de concentrações de CEO (0,025%, 0,05% e 0,075%) prolongam o prazo de validade da coalhada de búfala à temperatura ambiente de 27°C. Os estudos de avaliação sensorial revelaram que 0,025% de CEO adicionado à coalhada de búfala foi a concentração mais aceitável. Assim, 0,025% de CEO pode ser recomendado.

Vidanagamagea *et al.,* (2015) estudaram os efeitos do extrato de canela nas propriedades funcionais da manteiga. A manteiga de canela tem uma contagem microbiana baixa quando comparada com outras devido à atividade antimicrobiana da canela. A atividade antioxidante da canela prolonga o prazo de validade da manteiga. Este estudo demonstra que o extrato de canela a 3% pode ser utilizado para formular uma manteiga rica em antioxidantes e pode ser utilizado como conservante natural para a preparação de manteiga.

Chourasia *et al.,* (2011) desenvolveram um leite aromatizado com ervas (HMF) através da incorporação de extrato de determinadas especiarias, tais como canela (50%), pimenta preta (10%), cardamomo (20%), louro (10%) e noz-moscada (10%). O prazo de validade do produto foi avaliado por atributos químicos (gordura, TS e pH), microbiológicos e sensoriais numa escala hedónica de 9 pontos durante um período de 30 dias, com intervalos regulares de 10 dias. A análise química da HFM revelou que o teor de gordura do produto permanece praticamente inalterado nos quatro tratamentos durante o período de armazenamento de 30 dias. Todas as amostras de HFM frescas e armazenadas estavam isentas de bactérias formadoras de esporos, o que indica um melhor tratamento de esterilização. No entanto, a HFM preparada utilizando 12% de extrato de ervas e 0,4% de sementes de papoila foi considerada superior a todos os outros tratamentos.

Ranjan *et al.,* (2012) estudaram a atividade antibacteriana do alho e da canela a diferentes temperaturas e a sua aplicação na conservação de peixe. O efeito antibacteriano do extrato aquoso de alho e canela a diferentes temperaturas como 40°C, 60°C, 80°C, 100°C e 120°C contra *Bacillus cereus, Staphylococcus aureus, Enterococcus facecalis* e *E.coli* foi estudado pelo método de difusão em poço. O efeito antibacteriano máximo do extrato aquoso de alho e canela mostra uma vasta gama de atividade a 40°C a 60°C. Concluiu-se que a carga microbiana presente nos peixes foi totalmente reduzida no segundo dia.

Vazirian *et al.,* (2015) estudaram o efeito antibacteriano do óleo essencial de casca de canela em bolos e pastéis recheados com creme. Foi examinado contra cinco agentes patogénicos de origem alimentar (*Staphylococcus aureus, Escherichia coli, Candida albicans, Bacillus cereus* e *Salmonella typhimurium*) para investigar o seu potencial de utilização como conservante natural em produtos de pastelaria recheados com natas. O óleo essencial de canela mostrou uma forte atividade antimicrobiana contra os agentes patogénicos seleccionados in vitro e os valores da concentração inibitória mínima contra todos os microrganismos testados foram determinados como um disco de 0,5 ul. Concluiu-se que, analisando a qualidade sensorial dos alimentos conservados, o óleo de canela pode ser considerado como um conservante natural na indústria alimentar.

Behard *et al.,* (2009) prepararam iogurte de ervas com canela e *alcaçuz,* estudaram os efeitos na formação do iogurte e a inibição do crescimento de *Helicobacter pylori* in *vitro.* O extrato aquoso de iogurte de canela apresentou o efeito inibidor mais forte sobre o crescimento de *Helicobacter pylori* in *vitro* (13,5 mm) em comparação com o *iogurte de alcaçuz* (11,2 mm) e o iogurte de controlo (10,5 mm) para ambas as estirpes testadas. O extrato de *alcaçuz-iogurte* a um volume de 1 ml teve um efeito inibidor no crescimento de *Helicobacter pylori* para ambas as estirpes UM-1 e UM-2. No entanto, o iogurte com canela só pode inibir o crescimento *da Helicobacter pylori* num volume de 3 e 2 ml para as estirpes UM-1 e UM-2, respetivamente. Pode concluir-se que a adição de canela ou *alcaçuz* não alterou a fermentação do iogurte, mas manteve o crescimento de *Lactobacillus* durante o armazenamento refrigerado.

CAPÍTULO III

MATERIAIS E MÉTODOS

Este capítulo trata dos materiais utilizados e das metodologias empregues durante a presente investigação. O estudo foi efectuado no laboratório do Departamento de Tecnologia dos Produtos Lácteos, no laboratório do Departamento de Microbiologia dos Produtos Lácteos e no laboratório do Departamento de Química dos Produtos Lácteos da Faculdade de Ciências dos Produtos Lácteos e Tecnologia Alimentar, Chhattisgarh Kamdhenu Vishwavidayala, Durg, (C.G.).

3.1. Seleção de ingredientes

Os vários ingredientes utilizados, tanto de origem láctea como não láctea, para a preparação de leitelho com canela são descritos a seguir:

3.1.1. Ingredientes lácteos

Foram seleccionados os seguintes ingredientes lácteos para o fabrico de leitelho com adição de canela:

3.1.1.1 Leite:

O leite tónico fresco, pasteurizado e homogeneizado (3,0 % de gordura e 8,5 % de FDN) comercializado pela Gujarat Cooperative Milk and Marketing Federation (GCMMF), com a marca "AMUL", foi recolhido num mercado local de Telibandha, Raipur.

3.1.1.2 Culturas iniciadoras:

A cultura mista de *dahi*, fornecida pelo NDRI, Karnal, na forma liofilizada, é obtida a partir do NCDC 167 *(Lc. Lactis* ssp *lactis, Lc. Lactis* ssp *cremoris, Lc. Lactis* ssp *diacetylactis*, e *Leuco. citrovorum)* foram utilizados para a preparação de leitelho.

As culturas de trabalho foram mantidas em leite desnatado reconstituído estéril e subcultivadas uma vez por semana.

3.1.2. Ingrediente não lácteo

3.1.2.1. Canela:

A canela de boa qualidade foi recolhida no mercado local e o pó preparado foi adicionado em três níveis diferentes ao leitelho recolhido num mercado local, em Raipur

3.1.2.2 Sal negro:

O sal preto foi adicionado a 0,4% em peso ao leitelho recolhido num mercado local, Raipur

3.1.2.3 Cominho em pó:

O cominho em pó foi adicionado a 0,4 % em peso ao leitelho recolhido num mercado local, Raipur

Tabela 3.1: Proporção de vários ingredientes e tratamentos

Tratamento Ingrediente	Para	T1	T2	T3
Soro de leite coalhado	99.2	98.7	98.2	97.7
Canela em pó	-	0.5	1.0	1.5
Cominho	0.4	0.4	0.4	0.4
Sal preto	0.4	0.4	0.4	0.4
Total	100	100	100	100

3.2 Método de preparação do leitelho por adição de canela

O leite tonificado após tratamentos preliminares (pré-aquecimento a 35-40°C e filtração) foi transformado em *dahi* com a acidez desejada, utilizando a cultura selecionada. O *dahi*

preparado foi transformado em *dahi* agitado utilizando um agitador mecânico. O diagrama de
fluxo da preparação do leitelho é apresentado na Fig. 3.1.

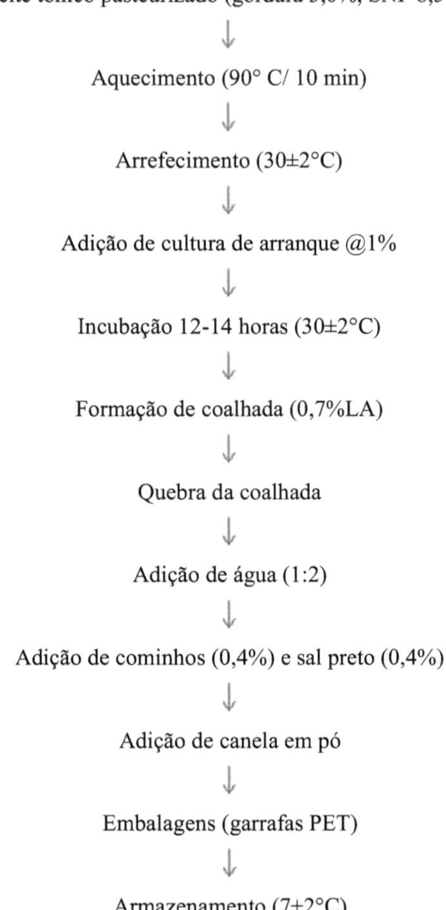

Fig. 3.1 Diagrama de fluxo para a preparação de leitelho com adição de canela 3.3
Estudo do prazo de validade do leitelho com canela

Os produtos finais obtidos foram analisados para o estudo do prazo de validade durante o
período de armazenamento de 12 dias e analisados para testes químicos, microbiológicos e
sensoriais com um intervalo de 2 em 2 dias. Os pormenores das análises adoptadas são
apresentados a seguir:
1. Análises físicas e químicas
2. Análise microbiológica
3. Análise sensorial

3.4 Análise físico-química do leite e do leitelho com canela

As amostras representativas de leitelho com canela foram analisadas quanto aos seguintes
parâmetros químicos

3.4.1 Gordura

O teor de matéria gorda do leite e do leitelho com canela foi estimado pelo método de Gerber (BIS 1224, Parte II, 1977). A percentagem de matéria gorda na escala graduada
do butirómetro pode ser lido diretamente e anotado. O procedimento para a estimativa da gordura é o seguinte:
1. O ácido sulfúrico Gerber (10 ml) foi introduzido no butirómetro a partir da medição automática (inclinação).
2. Pipetou-se o leitelho (10,75 ml) e transferiu-se cuidadosamente para o butirómetro, sem deixar que se misturasse com o ácido. Para tal, deixou-se que o jato de leitelho com canela da pipeta atingisse a boca do butirómetro, segurando a pipeta de forma inclinada e apoiando a extremidade da ponta na boca do butirómetro.
3. Com a ajuda de uma pipeta automática, adicionou-se 1 ml de álcool amílico ao butirómetro acima referido.
4. Em seguida, a rolha foi apertada e o conteúdo foi bem misturado, agitando o butirómetro num ângulo de 45°, até que toda a coalhada visível tenha sido dissolvida.
5. O butirómetro foi então colocado na centrifugadora e a máquina foi equilibrada. Centrifugou-se durante 5 minutos (1000-1200 rpm).
6. A coluna de gordura foi ajustada dentro da escala do butirómetro e a leitura foi feita diretamente.

3.4.2 Proteína

O teor de proteínas foi determinado pelo método de Kjeldhal, utilizando o sistema de digestão e destilação Kjel-plus.

Digestão
1. Em primeiro lugar, o sistema foi ligado.
2. A unidade de digestão foi pré-aquecida até 350°C
3. A amostra foi recolhida num tubo Macro DTL de 250 ml (líquido-2 g, pó-0,20,3 g)
4. A amostra recolhida estava à temperatura ambiente.
5. O peso da amostra foi anotado
6. Em seguida, adicionaram-se 3-4 g de mistura de catalisador [5:1 (sulfato de potássio: sulfato de cobre)]
7. De seguida, adicionou-se 10 ml de con. H_2SO_4
8. Em seguida, a amostra foi carregada na unidade de digestão com o coletor
9. O sistema KEY VAC foi ligado e a água da torneira foi ligada com a pressão máxima para o sistema KEY FLOW.
10. De seguida, a temperatura foi aumentada para 420°C
11. O processo de digestão demorou entre 1 a % de horas.
12. Apareceu uma cor verde clara que indicava que a digestão da amostra tinha terminado.
13. Em seguida, a amostra foi arrefecida no suporte de arrefecimento
14. A amostra foi arrefecida em cerca de meia hora

Destilação
1. O sistema foi ligado
2. Preparou-se uma solução (4 % de ácido bórico, 40 % de álcali, 0,1 % de HCl)
3. O depósito de água destilada foi verificado quanto ao nível de água, à torneira e à tampa.
4. O álcali, o ácido bórico e o $KmNo_4$ foram carregados no sistema através de mangueiras de silicone que se encontravam na parte de trás do equipamento enquanto se aguardava o sinal READY.

5. Tomar 25 ml de ácido bórico com indicador num erlenmeyer de 250 ml e colocá-lo na extremidade do recipiente.

6. A amostra foi diluída com água destilada (diluição de 10 ml a 20 ml)

7. O tubo de amostra foi colocado no lado da amostra.

8. A água da torneira foi utilizada para arrefecimento antes de iniciar o ensaio da amostra.

9. O ensaio de amostras foi iniciado após a obtenção do sinal READY.

10. Adicionam-se 40 ml de álcali a 40 % (até ao aparecimento da cor escura Browne)

11. O processo foi então iniciado.

12. Durante o processo, o amoníaco líquido foi recolhido no ácido bórico e a cor do ácido bórico foi alterada.

13. No final do processo, o erlenmeyer foi retirado do recipiente e titulado.

14. Em seguida, retirou-se o tubo DTL do lado da amostra.

Titulação

1. Colocar HCl 0,1 N numa bureta.

2. Primeiro, descubra o valor em branco (VB).

3. Titular a amostra e anotar o valor da bureta (TV).

Cálculo

Azoto N % = 14,01 X 0,1 N X (TV-BV) X $\frac{10}{W-1000}$

Proteína P % = % N X 6,38 (para a amostra de produtos lácteos)

Onde,

14,01 é o peso molecular do amoníaco

0,1 N foi a normalidade da solução de titulação

TV foi o valor do título

BV era um valor em branco

W foi o peso da amostra

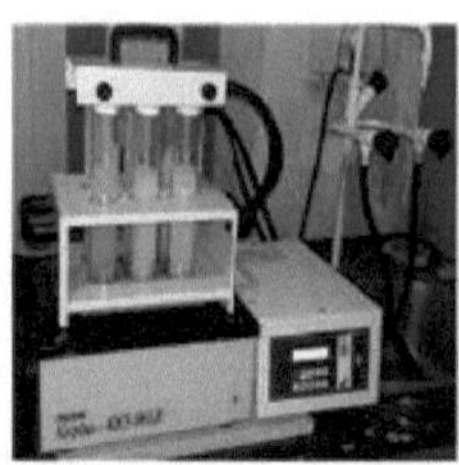

Fig 3.2 Unidade de digestão Fig. 3.3 Unidade de destilação

3.4.3 Hidratos de carbono

Os hidratos de carbono totais foram calculados pelo método "por diferença". Depois de determinar a percentagem de sólidos totais, proteínas, gorduras e cinzas totais no produto desenvolvido, esta foi calculada da seguinte forma

Total de hidratos de carbono, incluindo sacarose, dextrose e dextrinas, maltose ou lactose, percentagem em peso = {A - (B+C+D)} %

Onde,

A = percentagem em peso de sólidos totais

B = percentagem em peso das proteínas totais

C = percentagem em peso de gordura

D = percentagem em peso das cinzas totais

3.4.4 Cinzas

Pesaram-se exatamente 5 g da amostra preparada num prato de platina, de sílica ou de outro material adequado, que foi incendiado, arrefecido num exsicador carregado com um exsicante eficaz e pesado. A amostra foi evaporada até à secura e incinerada numa mufla a uma temperatura não superior a 550°C até as cinzas ficarem isentas de carbono. Em seguida, a amostra foi arrefecida num exsicador e pesada.

O cálculo foi efectuado através da seguinte fórmula:

% Teor de cinzas em peso $= \dfrac{100(W1 - W)}{(W2 - W)}$

Onde,

W = peso em g do cadinho.

W1 = peso em g do cadinho que contém as cinzas.

W2 = massa, em g, do cadinho com o material seco utilizado no ensaio.

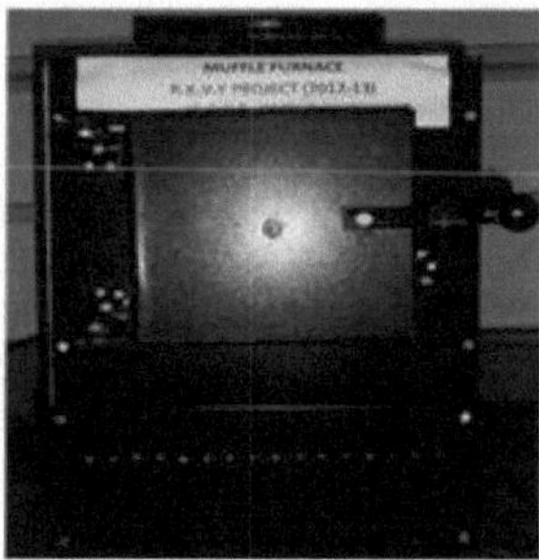

Fig 3.4 Forno de mufla

3.4.5 Sólidos totais

O teor de sólidos totais do leitelho com canela foi determinado pelo método gravimétrico (BIS 1479, Parte I, 1981). O procedimento para a estimativa dos sólidos totais no leitelho com canela é o seguinte

1. Pesou-se um prato vazio e adicionou-se a amostra (3 g) ao prato.
2. Em seguida, a placa foi colocada numa estufa de ar quente a 100 ± 2°C durante 2 h.
3. A placa foi pesada após 2 horas e depois mantida no forno durante mais 1 hora.
4. Após 1 h, a placa foi novamente pesada. Se o valor do peso obtido fosse constante, retirava-se a cápsula e registava-se o peso final. Se o valor não fosse constante, continuava-se a secar o leitelho até se obter um valor constante. A partir do peso do resíduo, calculou-se o teor de sólidos totais através da fórmula

Sólidos totais $(TS) = \dfrac{W1 - W2}{Wm} \times 100$

Onde,

W1 = peso da cápsula com material após secagem, g

W2 = peso da cápsula vazia, g

Wm = peso da amostra, g

3.4.6 Acidez titulável

A acidez titulável do leite e do leitelho adicionados de canela foi determinada pelo método descrito em (AOAC, 1995). Um peso conhecido de amostra (10 ml) foi titulado contra uma

solução padrão de NaOH 0,1 N utilizando fenolftaleína como indicador e a acidez foi calculada da seguinte forma
e expressa em percentagem de ácido lático.

Acidez (% ácido lático) $= \dfrac{9 \times N \times V}{W}$

Onde,

V= Volume em ml de NaOH padrão

N= Normalidade do NaOH padrão

W= Peso da amostra colhida

3.4.7 pH

O pH do leitelho foi medido diretamente com um medidor de pH. O conjunto de eléctrodos foi calibrado com tampões padrão de pH 9,2 e 4,0.

3.4.8 Viscosidade

A viscosidade foi determinada utilizando o viscosímetro de Ostwald (Roy e Sen, 1991) e o procedimento é descrito a seguir:

1. O viscosímetro foi limpo sucessivamente com a solução de cloreto de sódio, água da torneira, ácido crómico, água da torneira e depois 4 a 5 vezes com água destilada; o viscosímetro foi seco por uma corrente de ar frio isento de poeiras.

2. O viscosímetro limpo e seco foi fixado a uma temperatura constante de 20°C (±0,1°C) ou 30°C (±0,1°C) num banho de água, de modo a que a marcação acima do bolbo permaneça abaixo da superfície da água.

3. O volume fixo de água destilada (10-25 ml) foi transferido com um teclado que foi necessário para encher cerca de dois terços do bolbo do viscosímetro (o bolbo do reservatório).

4. O viscosímetro foi deixado em repouso com água durante 15 minutos a 20°C (±0,1°C).

5. A tubagem de borracha macia foi ligada ao braço do viscosímetro que continha o bolbo marcado e a água destilada foi puxada sobre a marca superior.

6. Os tubos de borracha foram fechados com os dedos e a pressão foi libertada lentamente, permitindo que a água descesse.

7. O cronómetro foi iniciado quando o menisco da água acabava de sair da marca superior e mediu-se o tempo para que o menisco atingisse a marca inferior.

8. Os passos de 5 a 7 foram repetidos 5 vezes e o tempo correto até 0,5 foi registado numa tabela.

9. A água foi drenada do viscosímetro e seca por aspiração com ar livre de poeiras.

10. O viscosímetro foi retirado do banho-maria e os passos de 2 a 8 foram repetidos com as amostras.

11. O tempo foi registado para 5 observações em forma de tabela.

12. A densidade das amostras foi medida em relação à água destilada que foi utilizada na experiência a 20°C (30°C)

Cálculo

Viscosidade da amostra = p

Viscosidade da água $= \eta w = 1.002$ cp

$$\frac{\eta}{\eta_w} = \frac{Tm}{Tw} \times \frac{dm}{1}$$

Onde,

T_m= Tempo necessário para a amostra atingir a marca inferior no menisco do viscosímetro

T_w = Tempo necessário para a água atingir a marca inferior na

viscosímetro menisco

Dm = Densidade da amostra.

η_w at A °C deve ser determinado a partir de um quadro normalizado.

$$\eta \text{ at A}^\circ C = \frac{Tm}{Tw} \times \frac{dm}{1} \times \eta_W$$

Viscosidade absoluta da amostra

3.4.9 Gravidade específica:

A gravidade específica é definida como a razão entre ,oito de uma substância e o ,oito de um volume igual de água à mesma temperatura. É determinada através da determinação dos pesos de um determinado volume de amostra e do mesmo volume de água destilada à mesma temperatura, recolhidos num frasco de gravidade específica. O procedimento (Roy e Sen, 1991) de determinação da gravidade específica é descrito a seguir:

1. Limpar e secar cuidadosamente o frasco de gravidade específica numa corrente de ar frio e seco. Em seguida, pesa-se o frasco de densidade com a rolha.

2. Em seguida, a amostra é colocada em garrafas de gravidade específica e a rolha é colocada firmemente. Algumas amostras são enchidas em excesso.

3. A amostra sobreflutuada é recolhida do exterior do frasco de densidade específica com tiras de papel ou algodão absorvente.

4. Em seguida, pesa-se a amostra no frasco de massa específica.

5. Retirar a amostra do frasco de gravidade específica e cinzelá-la cuidadosamente com solução detergente, ácido diluído e água destilada e, finalmente, enchê-la com água destilada para evitar bolhas de água.

6. A água é retirada do exterior do frasco de gravidade específica e pesada com exatidão. A temperatura da amostra e da água também é registada

Cálculo:

Gravidade específica relativa do leite a $\quad T^\circ C = \dfrac{W1-W}{W2-W}$

Gravidade específica absoluta do leite a $\quad T^\circ C = \dfrac{W1-W}{W2-W} \times d_w$

Onde,

W = Peso do frasco vazio de densidade específica com rolha (g)

W1 = Peso do frasco de densidade específica com rolha e amostra a T°C (g)

W2 = Peso do frasco de gravidade específica com rolha e água destilada a T°C (g)

dw = Densidade da água a t°C (garrafa padrão)

3.5 Análise microbiológica do leitelho com canela

As amostras representativas de leitelho com canela foram analisadas quanto aos seguintes parâmetros microbiológicos.

3.5.1 Determinação da contagem padrão de placas

A contagem total em placas no leitelho com canela foi determinada de acordo com o procedimento padrão (APHA, 1992). O procedimento para o teste padrão de contagem em placas para o leitelho com canela é o seguinte

3.5.1.1 Preparação do diluente-solução salina fisiológica

Foram pesados exatamente 8,45 g de cloreto de sódio (NaCl) e adicionados a 1000 ml de água destilada e bem misturados. As amostras de solução (99 ml e 9 ml) foram transferidas para o frasco de diluição e para os tubos de ensaio do número necessário. Em seguida, o diluente foi esterilizado colocando o frasco de diluição e os tubos na autoclave a 1,05 kg/cm2 de pressão de vapor (ou seja, 121°C) durante 15 minutos.

3.5.1.2 Preparação de meios - Ágar Nutriente

Pesaram-se exatamente 28,0 g de ágar nutriente pronto a usar. Este foi adicionado a 1000 ml de água destilada e aquecido até à ebulição para dissolver completamente o meio. Após a dissolução do pó, o meio foi esterilizado no autoclave a 1,05 kg/cm2 de pressão de vapor durante 15 minutos (isto é, a 121°C). Os passos seguintes foram efectuados na câmara de fluxo de ar laminar do laboratório.

3.5.1.3 Procedimento

1.   O frasco contendo a amostra de leitelho com canela foi bem agitado. Com uma pipeta esterilizada, transferiu-se 1 ml para o tubo de diluição (9 ml de soro fisiológico) e rodou-se para a mistura completa. Obteve-se assim uma diluição de 1:10.

2.   Da primeira diluição, transferiu-se 1 ml (1:10) para outro branco de diluição de 9 ml para efetuar diluições de 1:100 ou para um branco de diluição de 99 ml para efetuar diluições de 1:1000.

3.5.1.4 Preparação e incubação das placas

1.   Cada diluição necessária (1 ml) foi transferida para uma placa de Petri esterilizada utilizando uma pipeta nova e esterilizada.

2.   A cada placa, foram adicionados 10-15 ml de ágar nutriente, previamente derretido e arrefecido a 45°C.

3.   O conteúdo foi bem misturado enquanto o meio ainda estava líquido, rodando e inclinando suavemente a placa de Petri e, em seguida, deixou-se o ágar arrefecer e endurecer.

4.   As placas foram invertidas e incubadas a 37°C durante 72 h.

5.   As placas foram retiradas após 72 h e as placas foram contadas.

6.   A média das contagens nas duas placas foi determinada e multiplicada pelo fator de diluição.

7.   Os resultados foram expressos em contagem padrão de placas por ml de leitelho com canela.

3.5.2 Determinação da contagem de leveduras e bolores

A contagem de leveduras e bolores para o leitelho com canela foi determinada utilizando o procedimento recomendado pela APHA (1992).

3.5.2.1 Preparação do diluente-solução salina fisiológica

Foram pesados exatamente 8,45 g de cloreto de sódio (NaCl) e adicionados a 1000 ml de água destilada e bem misturados. As amostras de solução (99 ml e 9 ml) foram transferidas para o frasco de diluição e para os tubos de ensaio do número necessário. Em seguida, o diluente foi esterilizado colocando o frasco de diluição e os tubos na autoclave a 1,05 kg/cm2 de pressão de vapor (ou seja, 121°C) durante 15 minutos.

3.5.2.2 Preparação de meios - Ágar Batata Dextrose

Foram pesados exatamente 39,0 g de ágar batata-dextrose pronto a usar. Este foi adicionado a 1000 ml de água destilada e aquecido até à ebulição para dissolver completamente o meio. Após a dissolução do pó, o meio foi esterilizado na autoclave a 1,05 kg/cm^2 de pressão de vapor durante 15 minutos (isto é, a 121°C).

3.5.2.3 Procedimento

1.   O frasco contendo a amostra de leitelho com canela foi bem agitado e 1 ml foi transferido

com uma pipeta esterilizada para o tubo de diluição (9 ml de solução salina) e bem misturado. Obteve-se assim uma diluição de 1:10.

2. Da primeira diluição, transferiu-se 1 ml (1:10) para outro branco de diluição de 9 ml para efetuar diluições de 1:100 ou para um branco de diluição de 99 ml para efetuar diluições de 1:1000.

3.5.2.4 Preparação e incubação das placas

1. Cada diluição necessária (1 ml) foi transferida para uma placa de Petri esterilizada utilizando uma pipeta nova e esterilizada.

2. A cada placa, foram adicionados 10-15 ml de ágar Batata Dextrose, previamente derretido e arrefecido a 45°C.

3. O conteúdo foi bem misturado enquanto o meio ainda estava líquido, rodando e inclinando suavemente a placa de Petri e, em seguida, deixou-se o ágar arrefecer e endurecer.

4. As placas foram invertidas e incubadas a 25°C durante 48-72 h.

5. As placas foram retiradas após 72 h e as contagens foram registadas.

6. A média das contagens nas duas placas foi determinada e multiplicada pelo fator de diluição para obter a contagem total.

7. Os resultados foram expressos em unidades formadoras de colónias (ufc) por ml.

3.6 Avaliação sensorial do leitelho fresco com canela

A avaliação sensorial do controlo e do leitelho com canela foi avaliada organolepticamente de acordo com a escala hedónica de 9 pontos sugerida por Lim, (2010).

O quadro de pontuação é igualmente apresentado no apêndice A.

3.7 Análise estatística

A experiência foi repetida 4 vezes e os dados gerados sob várias cabeças foram submetidos à análise estatística a seguir indicada. A análise estatística foi efectuada através de uma ANOVA unidirecional com 4 tratamentos e 4 repetições.

3.8 Análise de custos

O custo de produção do leitelho com canela foi calculado com base nos custos unitários dos vários ingredientes utilizados no fabrico do produto.

Análise do custo do leitelho com adição de canela

O custo do leitelho com adição de canela foi estimado simplesmente considerando o preço de cada ingrediente. As estimativas de custo incluem apenas o custo das matérias-primas incorridas na preparação de 1000 ml de leitelho final adicionado de canela e são apresentadas no Quadro 3.2.

Quadro 3.2: Análise de custos do leitelho adicionado de canela

Ingredientes	Quantidade necessária para 1000 ml de bebida				Taxa em Rs./ kg	Custo em RS			
	Para	T1	T2	T3		Para	T1	T2	T3
Leite tonificado (ml)	990	985	980	975	40/-	16.5	16.4	16.3	16.2
Canela em pó (g)	0	5	10	15	450/-	0	1.8	3.6	5.4
Cultura mista de dahi (ml)	2	2	2	2	-	-	-	-	-
Cominhos em pó (g)	4	4	4	4	152/-	0.61	0.61	0.61	
Sal preto (g)	4	4	4	4	140/-	0.56	0.56	0.56	0.56

Peso total	1000	1000	1000	1000	Custo RS./lit	17.67	18.821	21.07	22.77
					Custo por 100 ml	1.76	1.88	2.10	2.27

O leite tonificado (TM) foi adquirido a Rs. 40 por litro. Os paus de canela foram adquiridos a 450 rupias por kg e foram convertidos em canela em pó. O custo da canela em pó foi calculado em 140 rupias por kg. Esta canela em pó foi utilizada para o fabrico de leitelho adicionado de canela, adicionando-a a diferentes níveis. O quadro 3.2 mostra os vários ingredientes utilizados e o seu custo no fabrico de leitelho adicionado de canela. O custo por litro de leitelho adicionado de canela foi calculado em Rs. 17,67 (T0), Rs. 18,82 (T1), Rs. 21,07 (T2) e Rs. 22,27 (T3).

CAPÍTULO IV

RESULTADOS E DISCUSSÃO

Este capítulo trata dos resultados do trabalho de investigação com a devida interpretação. O efeito da adição de canela em pó em várias características físicas, químicas, microbiológicas e sensoriais do leitelho fresco e armazenado adicionado de canela em pó foi estudado e os resultados obtidos durante a investigação foram descritos neste capítulo sob títulos apropriados, subtítulos com tabelas adequadas e ilustrações gráficas.

4.1. Desenvolvimento de produtos

Foi feita uma tentativa na presente investigação para aumentar o prazo de validade do leitelho adicionando canela. A canela em pó foi adicionada em 3 concentrações diferentes como 0,5%, 1,0% e 1,5% ao lado do controlo com 0% de canela em pó (T0) e cominhos e sal preto foram adicionados a 0,4% em relação ao leitelho, fazendo 4 tratamentos i.e. T0, T1, T2 e T3. Os produtos foram armazenados a uma temperatura refrigerada (7 ± 2°C). Cada tratamento foi repetido 4 vezes. As amostras armazenadas a temperatura refrigerada foram submetidas a análises físicas, químicas, microbiológicas e sensoriais aos 0th , 2nd 4th , 6th , 8th , 10th e 12th dias.

4.2. Composição do leite

A composição química do leite tonificado foi determinada para o desenvolvimento de leitelho adicionado de canela em pó. Esta análise foi efectuada para determinar os vários parâmetros químicos do leite, como a gordura, a proteína, o SNF e os sólidos totais. A composição do leite tónico analisado é apresentada no quadro 4.1 seguinte.

Fig. 4.1: Leite tonificado

Tabela 4.1: Composição química do leite tonificado

S. Não.	Componentes (%)	Valor (%)
1	Gordura	3.0
2	SNF	8.5
3	Proteína	3.1
4	Sólidos totais	11.5

4.3. Composição da canela em pó

A composição média da canela em pó é apresentada no quadro 4.2. A canela em pó foi obtida através da moagem de paus de canela. A canela em pó foi moída em pó de canela fino para utilização no fabrico de leitelho. Antes de adicionar um lote maior de leitelho, a pasta de canela em pó foi preparada numa pequena quantidade de leitelho.

Fig 4.2: Canela em pó

Quadro 4.2: Composição da canela em pó

S. Não	Ingredientes	Quantidade (%)
1	Proteína (g)	4
2	Fat (g)	2
3	Hidratos de carbono (g)	79
4	Cinzas	4

4.4. Efeito da adição de canela em pó na qualidade física e química do leitelho fresco.

As observações da adição de canela em pó na qualidade física e química do leitelho fresco são apresentadas no Quadro 4.3. A partir da tabela, é evidente que a adição de canela em pó teve um efeito na gordura, proteína, cinzas, sólidos totais, viscosidade, gravidade específica e acidez das amostras de leitelho adicionadas de canela em pó.

Tabela 4.3: Qualidade física e química do leitelho fresco adicionado de canela em pó

T	Gordura	Proteína	TCH	Cinzas	TS	Acidez (%LA)	pH	Viscosidade (cp)	Gravidade específica
Para	0.58	1.53	5.49	1.69	9.35	0.69	4.45	4.48	1.033
T1	0.64	1.55	5.57	1.72	9.58	0.72	4.43	4.54	1.040
T2	0.71	1.57	5.79	1.73	9.8	0.75	4.41	4.59	1.041
T3	0.78	1.58	5.98	1.74	10.00	0.77	4.37	4.65	1.044
F-Valor	7.009	5.85	3.771	2.724	14.760	44.24	35.49	0.35	6.69
SE(m)	0.004	0.010	0.016	0.015	0.016	0.008	0.007	0.025	0.000
CD	0.012	0.032	0.051	N/S	0.049	0.026	0.020	N/S	0.005

Os valores são a média de quatro repetições T- Tratamentos; TS- Sólidos totais, NS- Não significativo

Nota: T0 - 99,2 % de leitelho + 0 % de canela em pó + 0,4% de sal preto + 0,4% de cominhos

T1 -98,7% de leitelho + 0,5% de canela em pó + 0,4% de sal preto + 0,4% de cominhos

T2- 98,2 % de leitelho + 1 % de canela em pó + 0,4% de sal preto + 0,4% de cominhos

T3 -97,7% de leitelho + 1,5% de canela em pó + 0,4% de sal preto + 0,4% de cominhos

1.1.1. Efeito da adição de canela em pó no teor de gordura do leitelho

O efeito da adição de canela em pó no teor de gordura das amostras de leitelho é apresentado na Tabela 4.3 e representado graficamente na Fig. 4.3. O teor de matéria gorda do leitelho adicionado de canela foi de 0,58% para a amostra de controlo (T0) para 0,64% para T1, 0,71% para T2 e 0,78% para T3. Verificou-se um aumento gradual nas amostras de leitelho adicionado de canela, desde a amostra de controlo (T0) sem canela em pó até T1, T2 e T3. As amostras T2 e T3 apresentaram o teor de matéria gorda mais elevado no leitelho adicionado de canela, enquanto o teor de matéria gorda mais baixo foi

encontrado na amostra (T0).

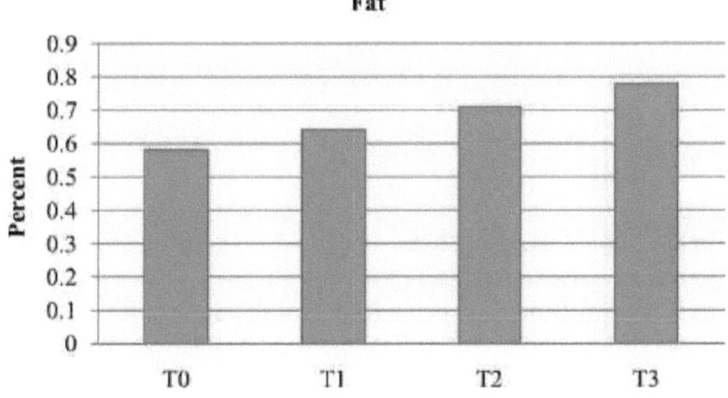

Fig. 4.3: Alterações na gordura do leitelho adicionado com diferentes níveis de canela pó a temperatura refrigerada (7 ± 2°C)

A adição de canela em pó aumentou significativamente ($p<0,05$) o teor de gordura em todas as amostras de leitelho adicionado de canela. Entre as amostras, T1, T2 e T3 apresentaram uma diferença significativa em relação a T0. As amostras de leitelho T1 e T3 também diferiram significativamente uma da outra. As amostras T0 e T1, T1 e T2, e T2 e T3 apresentaram diferenças significativas entre si.

O aumento do teor de matéria gorda do leitelho adicionado de canela em pó pode estar associado ao aumento do nível de adição de canela em pó. O teor de matéria gorda nas amostras de canela em pó adicionada depende do teor inicial de matéria gorda do leite, bem como da concentração de canela em pó. Um aumento da concentração de canela em pó foi responsável pelo aumento do teor de matéria gorda nas amostras de leitelho adicionado de canela. Os presentes resultados indicam que a adição de canela em pó ao leitelho aumentou o teor de matéria gorda total no produto final.

1.1.2. Efeito da adição de canela em pó na proteína do leitelho

O efeito da adição de canela em pó no teor de proteína do leitelho é apresentado na Tabela 4.3 e representado graficamente na Fig. 4.4. No leitelho, o teor de proteína mais elevado entre as amostras foi encontrado 1,58% na amostra T3, seguido de 1,57% em T2, 1,55% em T1 e 1,53% em T0. A amostra de controlo (T0) teve o teor de proteína mais baixo de 1,53% entre todas as amostras. Em geral, os resultados mostraram que a adição de canela em pó nas amostras de leitelho aumentou drasticamente o teor de proteínas nos tratamentos de T1 a T2 e de T2 a T3. O leitelho sem adição de canela em pó, ou seja, a amostra de controlo, apresentou o teor proteico mais baixo. De um ponto de vista nutricional, a inclusão de canela em pó no leitelho melhorou o teor de proteínas. O teor de proteínas das amostras de leitelho com adição de canela em pó aumentou significativamente ($p<0,05$) com o aumento da concentração de canela em pó. A diferença significativa foi encontrada para T0 e T1, T1 e T2, T2 e T3, T1 e T3, T0 e T2, T0 e T3.

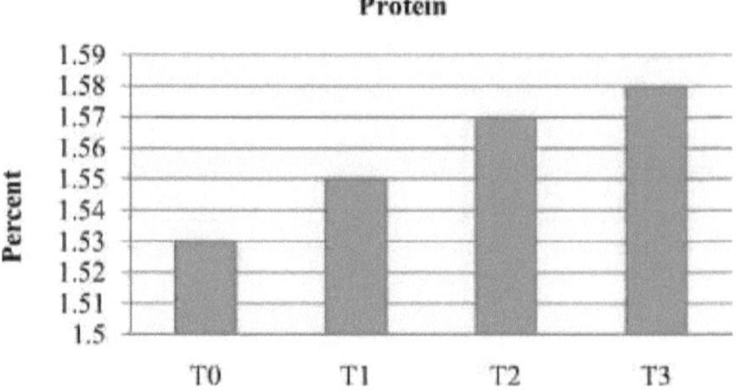

Tratamento

Fig. 4.4: Alterações na proteína do leitelho adicionado com diferentes níveis de canela em pó à temperatura de refrigeração (7 ± 2°C)

1.1.3. Efeito da adição de canela em pó nos hidratos de carbono totais do leitelho

O efeito da adição de canela em pó no teor total de hidratos de carbono do leitelho é apresentado na Tabela 4.5 e representado graficamente na Fig. 4.5. No leitelho, o teor mais baixo de hidratos de carbono totais entre as amostras foi encontrado em 5,49% na amostra T0, seguido de 5,57% em T1 e 5,79% em T2. A amostra (T3) apresentou o teor mais elevado de hidratos de carbono totais, 5,98%, de todas as amostras. Em geral, os resultados mostraram que a adição de canela em pó às amostras de leitelho aumentou drasticamente o teor de hidratos de carbono totais nos tratamentos de T1 a T2 e de T2 a T3. O leitelho sem adição de canela em pó, ou seja, a amostra de controlo, apresentou o teor mais baixo de hidratos de carbono totais. De um ponto de vista nutricional, a inclusão de canela em pó no leitelho melhorou o teor total de hidratos de carbono. O teor total de hidratos de carbono das amostras de leitelho adicionadas de canela em pó aumentou significativamente (p<0,05) com o aumento da concentração de canela em pó. Foram encontradas diferenças significativas no teor de hidratos de carbono entre T0 e T1, T1 e T2, T2 e T3, T1 e T3, T0 e T2, e entre T0 e T3.

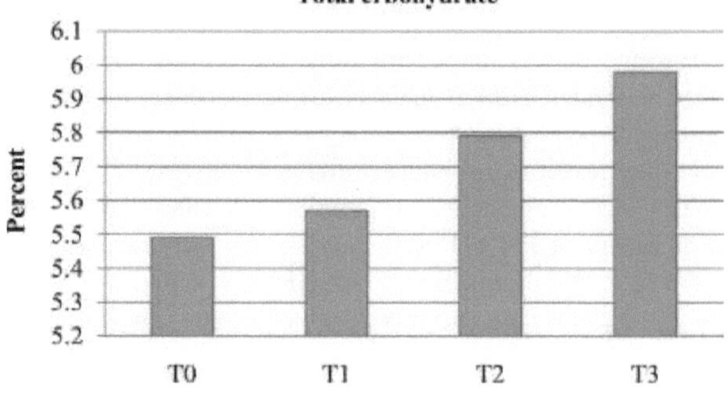

Tratamento

Fig 4.5: Alterações no TCH do leitelho adicionado com diferentes níveis de canela pó a temperatura refrigerada (7 ± 2°C)

1.1.4. Efeito da adição de canela em pó no teor de cinzas do leitelho

O teor de cinzas de uma amostra de alimento reflecte os elementos minerais presentes na mesma. O teor de cinzas das amostras de leitelho em diferentes concentrações de canela em pó é apresentado na Tabela 4.3 e graficamente na Fig. 4.6. Os valores médios do teor de cinzas encontrados para as amostras de T0, T1, T2 e T3 foram 1,69%, 1,72%, 1,73% e 1,74%, respetivamente. No leitelho adicionado de canela, o teor de cinzas mais elevado foi encontrado na amostra T3, enquanto o teor de cinzas mais baixo foi encontrado na amostra T0 (controlo).

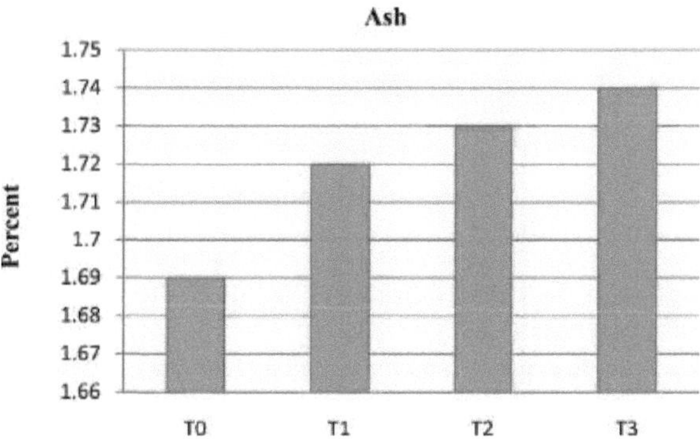

Tratamento

Fig 4.6: Alterações nas cinzas do leitelho adicionado com diferentes níveis de canela em pó à temperatura de refrigeração (7 ± 2°C)

1.1.5. Efeito da adição de canela em pó no teor de sólidos totais do leitelho

O teor de sólidos totais (ST) nas amostras de leitelho é apresentado na Tabela 4.3 e graficamente na Fig. 4.7. As amostras frescas de leitelho T0, T1, T2 e T3 tinham um teor de ST de 9,35%, 9,58%, 9,8% e 10,00%, respetivamente. O teor em TS do leitelho adicionado de canela aumentou progressivamente de T0 para T3. O teor de ST mais elevado foi de 10,00% na amostra T3. O teor mais baixo de sólidos totais (9,35%) foi encontrado na amostra de controlo (T0). Entre as amostras experimentais, T1 apresentou o menor teor de sólidos totais.

A adição de canela em pó teve uma diferença significativa (p<0,05) no teor de sólidos totais das amostras de leitelho adicionadas de canela. O teor de sólidos totais nas amostras de leitelho adicionado de canela aumentou significativamente com cada aumento da concentração de canela em pó. Verificou-se que todas as amostras de leitelho adicionado de canela (T0, T1, T2 e T3) diferiam significativamente umas das outras.

No presente estudo, o aumento do teor de sólidos totais nas amostras de leitelho T1, T2 e T3 pode estar associado ao aumento do nível de adição de canela em pó. Os sólidos totais nas amostras de leitelho adicionadas de canela dependem de diferentes factores, tais como o tipo de leite utilizado para a preparação do leitelho, os aditivos que foram adicionados na preparação do produto e a canela em pó. O maior teor de sólidos na canela em pó adicionada foi responsável por promover a maior viscosidade do produto final. Os sólidos totais nas amostras de canela em pó adicionadas foram aumentados devido ao teor de gordura e minerais presentes na canela em pó. A adição de canela em pó aumentou o teor de sólidos totais em todas as amostras de leitelho.

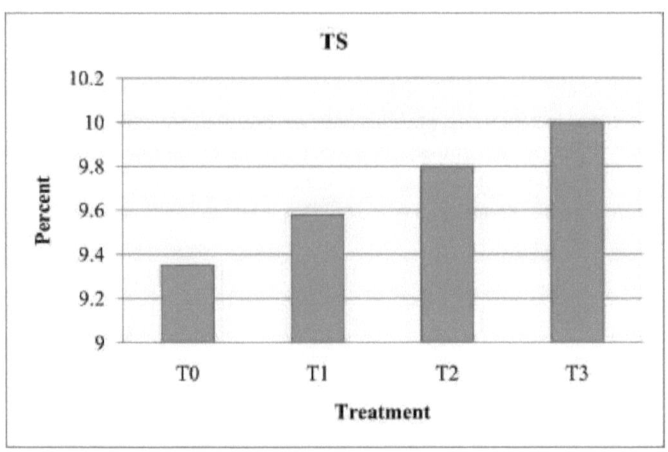

Fig 4.7: Alterações no TS do leitelho adicionado com diferentes níveis de canela pó a temperatura refrigerada (7 ± 2°C)

1.1.6. Efeito da adição de canela em pó na acidez do leitelho

A acidez das amostras frescas de leitelho adicionado de canela é apresentada no Quadro 4.3 e graficamente na Fig.4.8. Os valores médios de acidez das diferentes amostras T0, T1, T2 e T3 foram determinados e os valores correspondentes foram 0,69 0,72, 0,75 e 0,77 % LA, respetivamente. A acidez titulável mínima foi de 0,69 % LA na amostra T0, ao passo que a acidez titulável máxima foi de 0,77 % LA na amostra T3.

O valor F mais elevado da análise de variância indica que existe um ligeiro desvio significativo na acidez quando se adicionam concentrações mais elevadas de canela em pó para a preparação do leitelho. Este facto pode ser atribuído à presença de uma maior quantidade de hidratos de carbono na amostra T3

A acidez das amostras de leitelho adicionadas de canela aumentou com o aumento da concentração de canela em pó de 0,5%, 1,0% e 1,5%.

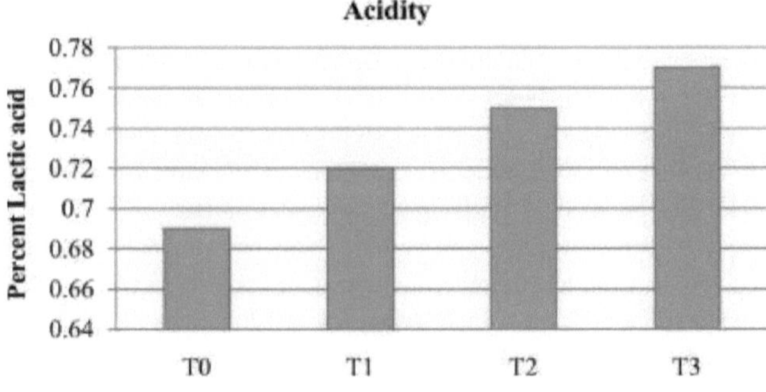

Tratamento

Fig 4.8: Alterações na acidez do leitelho adicionado com diferentes níveis de canela em pó à temperatura de refrigeração (7 ± 2°C)

1.1.7. Efeito da adição de canela em pó no pH do leitelho

O pH de amostras frescas de leitelho com canela em pó é apresentado na Tabela 4.3 e graficamente na Fig. 4.9. Os valores médios do pH das diferentes amostras T0, T1, T2 e T3 foram determinados e os valores correspondentes foram

1.1.8. 4,43, 4,41 e 4,37, respetivamente. O pH máximo foi de 4,45 na amostra de controlo. O aumento da acidez acaba por diminuir o pH, tendo-se registado o mínimo de pH 4,37 na amostra experimental (T3).

Na análise estatística, obteve-se uma variação significativa à medida que a concentração de canela em pó do leitelho foi aumentada. A diferença de pH foi mais predominante do controlo para a amostra em que foi adicionada uma concentração mais elevada de canela em pó (1,5%) na preparação do leitelho. No entanto, as alterações no pH foram marginais quando se adicionou 0,5 e 1% de canela em pó ao leitelho.

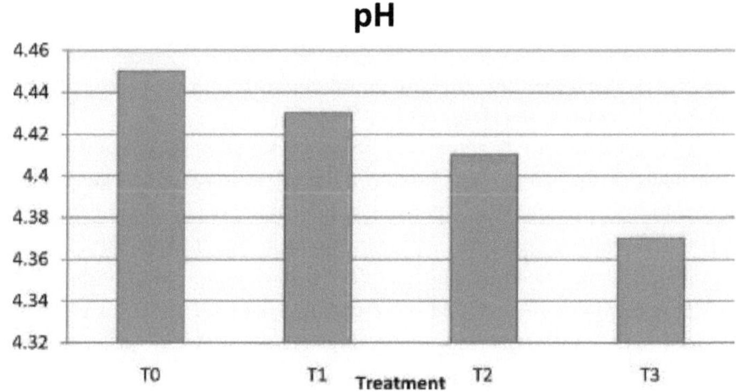

Fig 4.9: Alterações no pH do leitelho adicionado com diferentes níveis de canela em pó à temperatura de refrigeração (7 ± 2°C)

1.1.9. Efeito da adição de canela em pó na viscosidade do leitelho

A viscosidade de um fluido é definida como a resistência oferecida por um fluido ao escoamento. A viscosidade do leitelho fresco adicionado com canela em pó é apresentada na Tabela 4.3 e graficamente na Fig. 4.10. A amostra de controlo (T0) teve o valor de viscosidade mais baixo de 4,48cp, enquanto a viscosidade das amostras de leitelho adicionado de canela varia entre 4,54cp em T1, 4,59 cp em T2 e encontrou o valor de viscosidade mais elevado de 4,65cp em T3.

Verificou-se que as amostras de leitelho adicionado de canela em pó eram significativamente (p<0,05) diferentes umas das outras. Os valores de viscosidade das amostras de leitelho com adição de canela em pó T1, T2 e T3 foram significativamente diferentes da amostra de controlo T0. A adição de canela em pó aumentou significativamente a viscosidade do leitelho adicionado de canela com o aumento da concentração de canela em pó.

A adição de canela em pó aumentou a viscosidade em todas as amostras experimentais de leitelho. A amostra T0 foi a que apresentou a viscosidade mais baixa de todas as amostras porque não foi adicionada canela em pó na amostra de controlo. Nas amostras de leitelho, à medida que a concentração de canela em pó no leitelho adicionado de canela em pó aumentava, a viscosidade também aumentava de T1 para T2 e de T2 para T3.

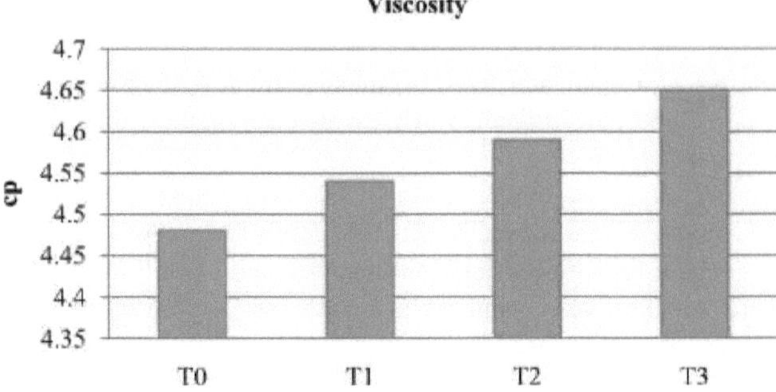

Tratamento

Fig 4.10: Alterações na viscosidade do leitelho adicionado com diferentes níveis de canela em pó à temperatura de refrigeração (7 ± 2°C)

1.1.10. Efeito da adição de canela em pó na gravidade específica do leitelho

A gravidade específica óptima de um produto do tipo bebida é muito necessária para um consumo sustentado do produto. Uma percentagem mais elevada de adição de hidratos de carbono tende geralmente a dar uma sensação de peso ao produto, juntamente com um aumento da gravidade específica que não faz falta ao consumidor. A gravidade específica do leitelho fresco adicionado com canela em pó é apresentada na Tabela 4.3 e graficamente na Fig. 4.11. A amostra de controlo (T0) foi a que apresentou a gravidade específica mais baixa, 1,033. As amostras de leitelho T1, T2 e T3 após a adição de canela em pó resultaram numa gravidade específica de 1,040, 1,041 e 1,044, respetivamente. O valor mais elevado para a gravidade específica do leitelho foi encontrado no leitelho adicionado de canela com 1,5 % de canela em pó (T3).

A análise estatística mostrou a diferença significativa em todas as amostras de leitelho adicionado de canela em pó. Pode observar-se na Tabela 4.3 que a adição de canela em pó ao leitelho aumentou a gravidade específica do produto. A adição de canela em pó aumentou gradualmente a gravidade específica

das amostras de leitelho.

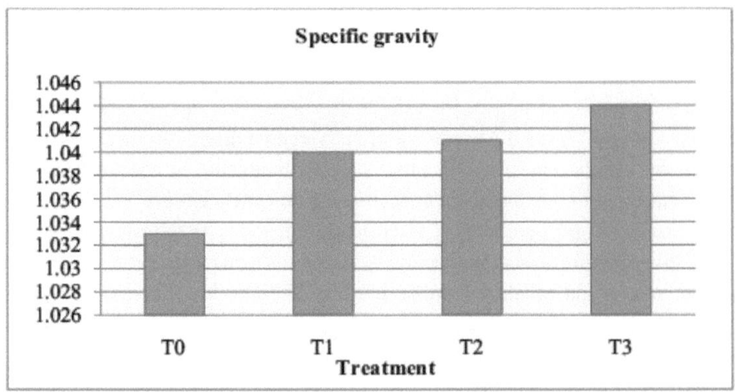

Fig 4.11: Alterações na gravidade específica do leitelho adicionado com diferentes níveis de canela em pó à temperatura refrigerada (7 ± 2°C)

4.5. Análise sensorial do leitelho fresco com canela

Tabela 4.4: Valores sensoriais médios do leitelho adicionado de canela em pó

Tratamento	Cor e aspeto	Consistência	Aroma e sabor	Aceitabilidade global
T0	8.0	8.3	8.4	8.3
T1	7.8	8.1	8.2	8.0
T2	7.6	7.8	7.9	7.5
T3	6.9	7.3	7.4	7.2
Valor F	21.290	22.413	21.090	13.454
SE(m)	0.097	0.093	0.098	0.172
CD	0.301	0.290	0.304	0.537

4.5.1 Efeito da adição de canela em pó na cor e no aspeto do leitelho

A Tabela 4.4 mostra as pontuações de cor e aparência das amostras de leitelho preparadas com a adição de canela em pó em diferentes concentrações (0,5 %, 1 % e 1,5 %). As amostras T0, T1, T2 e T3 de leitelho com adição de canela obtiveram pontuações de 8,0, 7,8, 7,6 e 6,9, respetivamente, para os atributos de cor e aspeto. Foram preparadas amostras de controlo (T0) sem adição de canela em pó e com canela em pó. Observou-se que uma concentração mais elevada de adição de canela em pó garantiu uma pontuação baixa para a cor e o aspeto.

A análise estatística dos atributos de cor e aspeto do leitelho adicionado de canela revelou uma diferença significativa entre todas as amostras.

O aumento da concentração de canela em pó diminuiu ligeiramente a cor e o aspeto das amostras de leitelho. A pontuação relativa à cor e ao aspeto do leitelho adicionado de canela diminuiu, correspondendo ao

aumento da concentração de canela em pó.

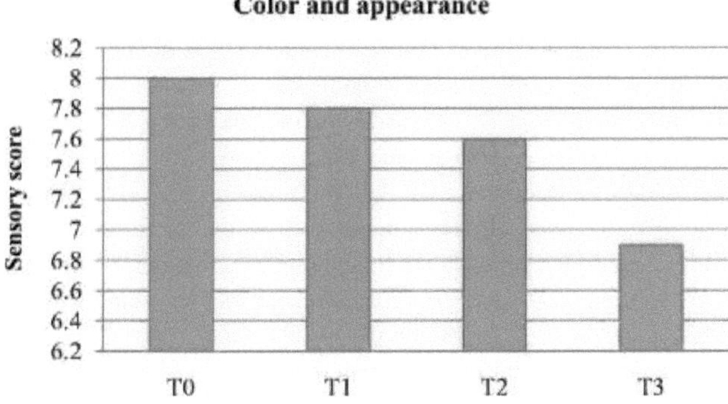

Tratamento

Fig. 4.12: Alterações da cor e do aspeto do leitelho adicionado de nível diferente de canela em pó a uma temperatura refrigerada (7 ± 2°C)

4.5.2 Efeito da adição de canela em pó na consistência do leitelho

As classificações de consistência das amostras de leitelho preparadas com a adição de canela em pó em diferentes concentrações (0,5 %, 1 % e 1,5 %) são apresentadas no quadro 4.4. As amostras T0, T1, T2 e T3 de leitelho com adição de canela obtiveram uma pontuação de 8,3, 8,1, 7,8 e 7,3, respetivamente, para a consistência. A amostra de controlo (T0) sem adição de canela em pó obteve o valor máximo devido à sua melhor capacidade de escoamento. A concentração mais elevada de canela em pó no leitelho reflectiu-se no desenvolvimento de obstáculos à consistência.

A análise estatística dos atributos de consistência do leitelho adicionado de canela mostrou uma diferença significativa entre todas as amostras.

O aumento da concentração de canela em pó diminuiu ligeiramente o índice de consistência das amostras de leitelho. No entanto, o índice de consistência de todas as amostras de leitelho com adição de canela foi superior a 7 numa escala hedónica de 9 pontos. Assim, todos os produtos foram apreciados moderadamente e muito pelos provadores.

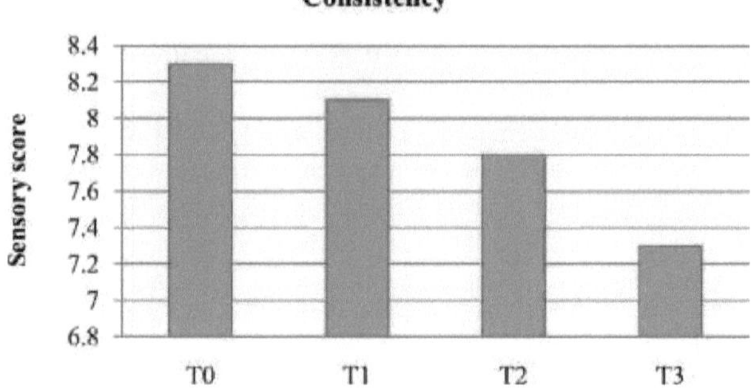

Tratamento

Fig 4.13: Alterações na consistência do leitelho adicionado com diferentes níveis de canela em pó à temperatura de refrigeração (7 ± 2°C)

4.5.3 Efeito da adição de canela em pó no aroma e sabor do leitelho

O leitelho caracteriza-se pelo seu aroma e sabor típicos, ligeiramente ácidos.

O aroma e o sabor típicos do leitelho desenvolveram-se devido aos constituintes do produto, ao método de processamento utilizado, principalmente ao tipo de adição de cultura e à sua propagação no sistema e ao manuseamento pós-processamento do produto. Pode ver-se no quadro 4.4 que o leitelho adicionado de canela obteve uma pontuação de 8,4, 8,2, 7,9 e 7,4 para as amostras T0, T1, T2 e T3, respetivamente, no que respeita ao sabor do produto fresco. O leitelho adicionado de canela com 0,5 % de canela em pó (T1) obteve a pontuação mais elevada para o aroma e o sabor, em comparação com as outras amostras experimentais e a amostra de controlo. A adição de canela em pó no leitelho aumentou o grau de aroma e sabor para T0 (8,45), T1 (8,2), T2 (7,97), quando comparado com T3 (7,4) com canela em pó.

A análise estatística do aroma e do sabor do leitelho adicionado de canela revelou uma diferença significativa (p<0,05) entre todas as amostras. A adição de canela em pó aumentou significativamente o aroma e o sabor do leitelho. A pontuação de aroma e sabor das amostras de leitelho foi considerada significativa para as amostras T1 e T2.

Aroma e sabor

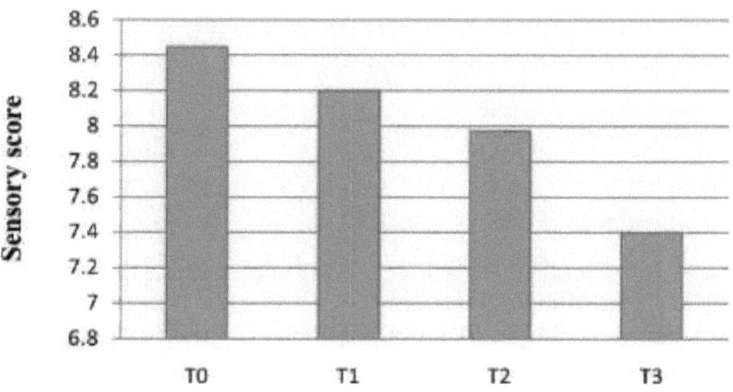

Tratamentos

Fig 4.14: Alterações no aroma e sabor do leitelho adicionado com diferentes níveis de canela em pó à temperatura de refrigeração (7 ± 2°C)

4.5.4 Efeito da adição de canela em pó na aceitabilidade global do leitelho

O quadro 4.4 apresenta as classificações de aceitabilidade global para todos os tratamentos do leitelho adicionado de canela. As pontuações obtidas para as amostras T0, T1, T2 e T3 foram de 8,3, 8,0, 7,5 e 7,2, respetivamente, para a aceitabilidade global do leitelho adicionado de canela. A amostra T3 obteve a pontuação mais baixa para a maioria dos atributos sensoriais, como a cor e o aspeto, a consistência, o aroma e o sabor da canela com leitelho. No entanto, a aceitabilidade global da amostra T1 foi, em média, de 8,0, o que indica claramente que a adição de canela em pó até uma concentração de 0,5% foi muito apreciada por todos os provadores.

A análise estatística revelou uma diferença significativa (p<0,05) entre todas as amostras de leitelho adicionado de canela. A análise estatística efectuada para determinar o nível de significância na aceitabilidade global do leitelho adicionado de canela. Foi encontrada uma diferença significativa entre as amostras T0 e T1, T0 e T2, T0 e T3, T1 e T3, T1 e T2. As amostras T2 e T3 apresentaram uma diferença significativa entre si.

Overall acceptability

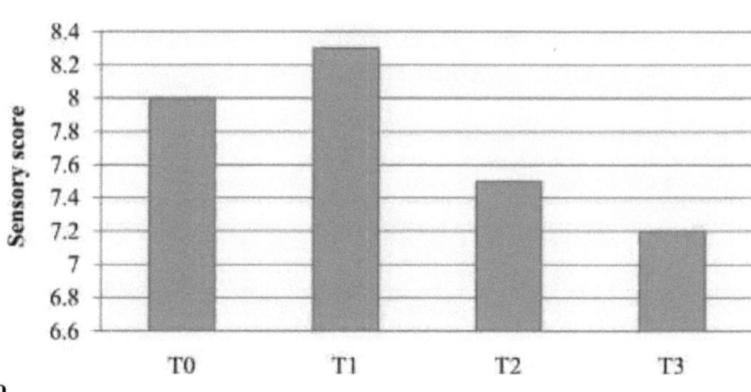

Tratamento

Fig 4.15: Alterações na aceitabilidade global do leitelho adicionado com diferentes níveis de canela em pó à temperatura de refrigeração (7 ± 2°C)

4.6. Análise microbiana do leitelho adicionado de canela em pó

O crescimento microbiano nos produtos alimentares é de grande importância quando está relacionado com o aumento do prazo de validade e a segurança do produto. O estudo do crescimento microbiano nas amostras de canela em pó adicionada de leitelho é de importância primordial para produzir produtos seguros e de boa qualidade, bem como para assegurar um melhor prazo de validade do produto. Cada microrganismo pode ser benéfico ou prejudicial para o consumidor. Por conseguinte, os microrganismos envolvidos na preparação do leitelho adicionado de canela em pó e a sua carga microbiana devem ser conhecidos de modo a decidir a segurança e a qualidade do produto. Nas amostras de controlo e experimentais de leitelho adicionado de canela em pó, a contagem padrão em placa, a contagem de leveduras e bolores foram determinadas e apresentadas na Tabela 4.5.

Tabela 4.5: População microbiana no leitelho adicionado de canela fresca em pó

Tratamento	Contagem padrão em placa (ufc/g)	Contagem de leveduras e bolores (cfu/g)
Para	4.49	4.45
T1	4.42	4.38
T2	4.38	4.28
T3	4.35	4.24
Valor F	3.567	21.601
SE(m)	0.033	0.151
CD	0.103	0.471

***Os valores apresentados são resultados de quatro repetições**

O principal objetivo do estudo era aumentar o prazo de validade através da adição de um aditivo como a canela em pó, mas sem matar os fermentos benéficos do leite fermentado.

4.6.1 Efeito da adição de canela em pó na contagem padrão em placa do leitelho

O SPC das amostras frescas de leitelho com canela em pó é apresentado na Tabela 4.5 e graficamente na Fig. 4.16. Os valores médios de CCP das diferentes amostras T0, T1, T2 e T3 foram determinados e os valores correspondentes foram 4,49, 4,42, 4,38 e 4,35 respetivamente. A contagem máxima de SPC foi encontrada 4,49 na amostra T0. Por outro lado, o valor mínimo da contagem SPC foi de 4,35 na amostra de controlo (T3).

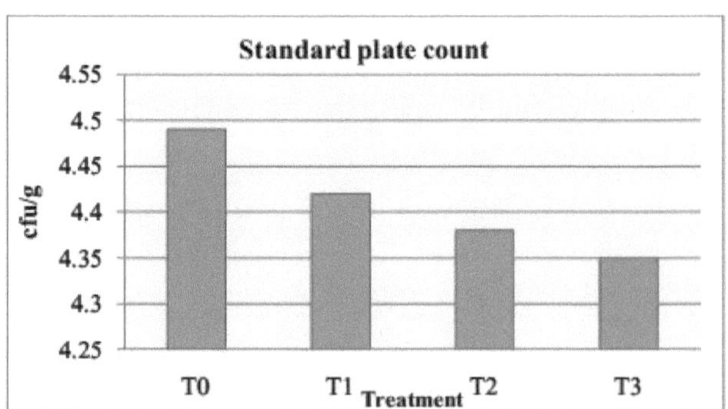

Fig 4.16: Alterações na contagem padrão em placa (ufc/g) do leitelho adicionado com nível diferente de canela em pó a uma temperatura refrigerada (7 ± 2°C)

4.6.2 Efeito da adição de canela em pó na contagem de leveduras e bolores do leitelho

A levedura e o bolor das amostras frescas de leitelho com canela em pó são apresentados na Tabela 4.5 e graficamente na Fig. 4.17. Os valores médios de leveduras e bolores das diferentes amostras T0, T1, T2 e T3 foram determinados e os valores correspondentes foram 4.45, 4.38, 4.24 e 4.28 respetivamente. A contagem máxima de leveduras e bolores foi de 4,45 na amostra T0. Enquanto que a contagem mínima de leveduras e bolores foi de 4,28 na amostra de controlo (T3).

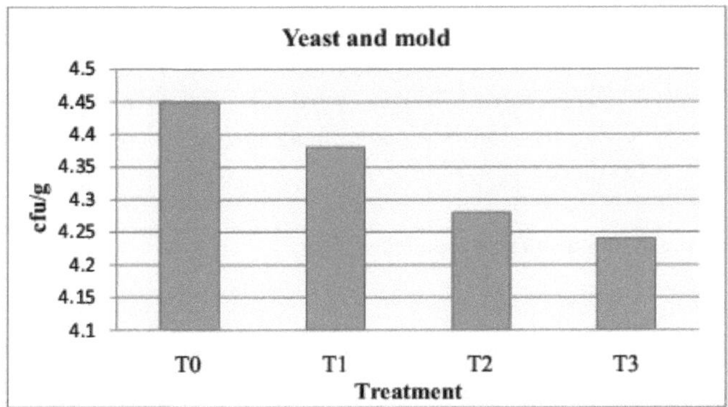

Fig 4.17: Alterações nas leveduras e bolores (ufc/g) do leitelho adicionado com diferentes níveis de canela em pó à temperatura de refrigeração (7 ± 2°C)

4.7. Estudo da conservação do leitelho adicionado de canela em pó a 7 ± 2°C durante 12 dias

4.7.1 Alterações da qualidade física e química do leitelho adicionado de canela durante a armazenagem a 7 ± 2°C durante 12 dias

Os estudos de armazenamento são muito necessários para comercializar o produto. Foi efectuado um estudo de armazenamento para determinar o prazo de validade e as alterações que ocorrem nas características do leitelho adicionado de canela em pó. O prazo de validade do leitelho adicionado de canela em pó foi avaliado em termos de qualidade físico-química, qualidade microbiológica e qualidade sensorial. As alterações das características do leitelho adicionado de canela em pó foram determinadas durante o armazenamento em 0th, 2nd, 4th, 6th, 8th, 10th e 12th dias a 7 ± 2C

4.7.1.1 Alterações da gordura durante a armazenagem

O efeito da adição de canela em pó no teor de gordura das amostras de leitelho durante o armazenamento à temperatura de refrigeração (7±2°C) é apresentado na Tabela 4.6 e na Fig. 4.18. Durante o armazenamento, o teor de gordura da amostra de controlo foi observado como sendo 0,58 no dia 0th que mudou ligeiramente e atingiu 0,63 no final do dia 12th, enquanto que no caso da amostra experimental variou de 0,64 a 0,70 (T1), 0,71 a 0,77 (T2) e 0,78 a 0,85 (T3). No entanto, estas alterações não foram estatisticamente significativas. As amostras experimentais T2 e T1 tiveram a pontuação média mais alta e mais baixa do tratamento, de 0,74 e 0,67, respetivamente. A amostra de controlo (T0) obteve a menor pontuação média de tratamento de 0,60 para a gordura entre todas as amostras. Verificou-se uma diferença não significativa (p<0,05) nas pontuações médias dos tratamentos de todas as amostras de leitelho. A interação entre o tratamento e o período de armazenamento para as pontuações de gordura foi considerada não significativa para as amostras de leitelho.

Tabela 4.6: Efeito da adição de canela em pó na gordura das amostras de leitelho durante o armazenamento a temperatura refrigerada (7 ± 2°C)

Tratamento	Armazenamento em dias (S)							Tratamento médio (T)
	0th	2nd	4th	$6^{,}$	8th	10th	12th	
Para	0.58	0.58	0.59	0.60	0.61	0.62	0.63	0.60
Ti	0.64	0.65	0.66	0.67	0.68	0.69	0.70	0.67
T2	0.71	0.72	0.73	0.74	0.75	0.76	0.77	0.74
T3	0.78	0.79	0.80	0.81	0.82	0.83	0.85	0.81
Média do período (s)	0.68	0.69	0.70	0.71	0.72	0.73	0.74	

***Os valores são a média de quatro repetições**

ANONA para alterações do teor de matéria gorda do leitelho adicionado de canela em pó

Fonte de Variação	DF	SS	EM	Valor F	Significado	SE(m)	SE(d)	C.D.
Tratamento	3	0.686	0.229	6,512.278	0.00000	0.003	0.002	0.001
Período de armazenamento	6	0.045	0.007	213.094	0.00000	0.004	0.002	0.001
T xS	18	0.000	0.000	0.454	0.96978	N/A	0.004	0.003
Erro	84	0.003	0.000					

CD está ao nível de 5%

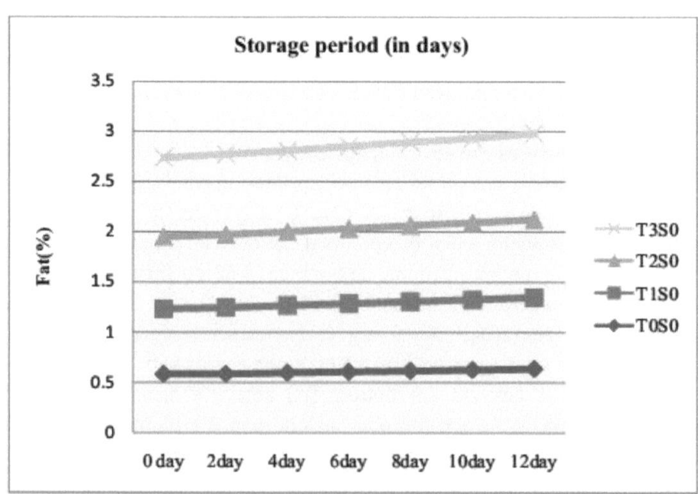

Fig: 4.18Alterações na gordura do leitelho adicionado com diferentes níveis de canela em pó durante o armazenamento a temperatura refrigerada (7 ± 2°C)

4.7.1.2 Alterações da proteína durante a armazenagem

O efeito da adição de canela em pó na proteína das amostras de leitelho durante o armazenamento à temperatura de refrigeração (7±2°C) é apresentado na Tabela 4.7 e na Fig. 4.19. Durante o armazenamento, os valores médios de proteína não foram muito alterados em quase todas as amostras. O conteúdo proteico da amostra de controlo foi observado como sendo 1,580 no dia 0th, que variou ligeiramente durante a estimativa em 2,4,6,8, & 10th dias e atingiu o mesmo nível i.e. 1,58 após 12th dias de armazenamento. Os padrões semelhantes também existiam nas amostras experimentais. As amostras de leitelho T3 e Ti tiveram a pontuação média de tratamento mais baixa e mais alta de 1,54 e 1,57, respetivamente. A amostra experimental (T3) obteve a menor pontuação média de tratamento de 1,54 para a proteína entre todas as amostras. Houve uma diferença não significativa ($p < 0,05$) nas pontuações médias dos tratamentos para o teor de proteínas de todas as amostras de leitelho.

Tabela 4.7: Efeito da adição de canela em pó na proteína do leitelho amostras durante a armazenagem a temperatura refrigerada (7 ± 2°C)

Tratamento	Armazenamento em dias (S)							Tratamento médio (T)
	0th	2nd	4th	6'	8th	10th	12th	
Para	1.58	1.54	1.58	1.60	1.57	1.55	1.58	1.57
Ti	1.60	1.56	1.55	1.57	1.59	1.56	1.54	1.57
T2	1.57	1.58	1.55	1.54	1.56	1.57	1.54	1.56
T3	1.53	1.55	1.56	1.54	1.52	1.54	1.55	1.54
Média do período (s)	1.57	1.56	1.56	1.56	1.56	1.55	1.55	

***Os valores são a média de quatro repetições**

Tabela ANONA para as alterações das proteínas durante a proteína de canela em pó adicionada ao leitelho

Fonte de Variação	DF	SS	EM	Valor F	Significado	SE(m)	SE(d)	C.D.
Tratamento	3	0.149	0.050	35.491	0.00000	0.010	0.007	0.020
Período de armazenamento	6	0.014	0.002	1.697	0.13165	0.013	0.009	N/A
T xS	18	0.111	0.006	4.415	0.00000	0.026	0.019	0.053
Erro	84	0.118	0.001					

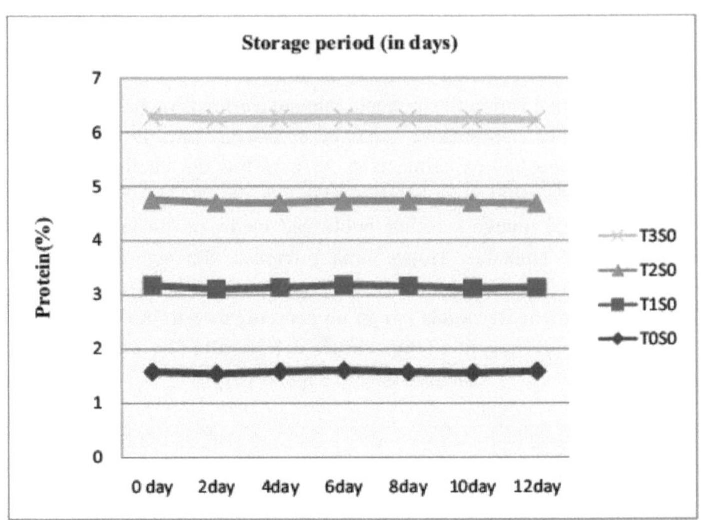

Fig.19: Alterações nas proteínas do leitelho adicionado com diferentes níveis de canela em pó durante o armazenamento a temperatura refrigerada (7 ± 2°C)

4.7.1.3 Alterações dos hidratos de carbono totais durante a armazenagem

O efeito da adição de canela em pó no teor de TCH das amostras de leitelho durante o armazenamento à temperatura de refrigeração (7±2°C) é apresentado na Tabela 4.8 e na Fig. 4.20. Durante o armazenamento, observou-se que o teor total de hidratos de carbono da amostra de controlo era de 5,49 no dia 0th que aumentou ligeiramente e atingiu 5,59 no final do dia 12th, enquanto que no caso da amostra de leitelho atingiu 5,80 de 5,57 (T1) e 6,06 de 5,98 (T3). As amostras de leitelho T3 e T1 tiveram a pontuação média de tratamento mais elevada e mais baixa, de 6,03 e 5,56, respetivamente. A amostra (T3) obteve a maior pontuação média de tratamento de 6,03 para TCH entre todas as amostras. Verificou-se uma diferença significativa ($p<0,05$) nas pontuações médias dos tratamentos de todas as amostras de leitelho. A interação entre o tratamento e o período de armazenamento para as proteínas foi considerada significativa para as amostras de leitelho.

Tabela 4.8: Efeito da adição de canela em pó no TCH do leitelho amostras durante a armazenagem a temperatura refrigerada (7 ± 2°C)

Tratamento	Armazenamento em dias (S)							Tratamento médio (T)
	0th	2nd	4th	6t	8th	10th	12th	
Para	5.49	5.56	5.54	5.52	5.62	5.62	5.59	5.56
Ti	5.57	5.69	5.70	5.68	5.67	5.78	5.80	5.70
T2	5.79	5.78	5.88	5.88	5.87	5.86	5.97	5.86
T3	5.98	5.99	5.98	6.07	6.08	6.07	6.06	6.03
Média do período (s)	5.71	5.75	5.78	5.79	5.81	5.83	5.86	

*Os valores são a média de quatro repetições

ANONA Tabela para as alterações nos hidratos de carbono totais durante o

armazenamento de leitelho adicionado de canela em pó

Fonte de Variação	DF	SS	EM	Valor F	Significado	SE(m)	SE(d)	C.D.
Tratamento	3	3.475	1.158	1,095.715	0.00000	0.006	0.009	0.017
Período de armazenamento	6	0.241	0.040	38.038	-0.00000	0.008	0.011	0.023
T xS	18	0.113	0.006	5.945	0.00000	0.016	0.023	0.046
Erro	84	0.089	0.001					

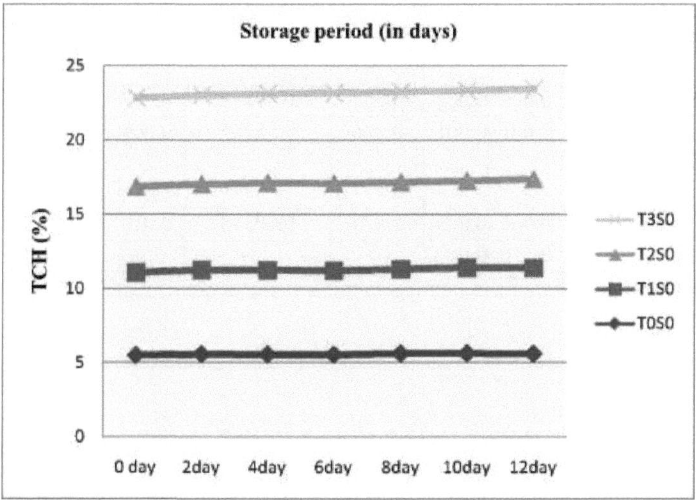

Fig.20: Alterações nos hidratos de carbono totais do leitelho adicionado com diferentes níveis de canela em pó durante o armazenamento a temperatura refrigerada (7 ± 2°C)

4.7.1.4 Alterações das cinzas durante a armazenagem

O efeito da adição de canela em pó no teor de cinzas das amostras de leitelho durante o armazenamento à temperatura de refrigeração (7±2°C) é apresentado na Tabela 4.9 e na Fig. 4.21. Durante o armazenamento, observou-se que o teor de cinzas da amostra de controlo era de 1,74 no dia 0th que diminuiu ligeiramente e atingiu 1,71 no final do dia 12th, enquanto que no caso da amostra experimental o teor de cinzas era de 1,74 (T1) e 1,70 (T3) no dia 0th e atingiu 1,71 (T1) a 1,66 (T3) no dia 12th. As amostras experimentais T3 e T1 tiveram a pontuação média mais baixa e mais alta do tratamento, 1,68 e 1,72, respetivamente. A amostra (T3) obteve a menor pontuação média de tratamento de 1,68 para cinzas entre todas as amostras. Foi encontrada uma diferença significativa (p<0,05) nas pontuações médias dos tratamentos de todas as amostras de leitelho. No período de armazenamento, as pontuações das cinzas não foram significativas para as amostras de leitelho.

Quadro 4.9: Efeito da adição de canela em pó nas cinzas do leitelho amostras durante a armazenagem a temperatura refrigerada (7 ± 2°C)

Tratamento	Armazenamento em dias (S)							Tratamento médio (T)
	0th	2nd	4th	6'	8th	10th	12th	
Para	1.74	1.73	1.74	1.75	1.70	1.72	1.71	1.73

45

	1.74	1.68	1.72	1.73	1.73	1.72	1.71	1.72
Ti	1.74	1.68	1.72	1.73	1.73	1.72	1.71	1.72
T2	1.72	1.74	1.68	1.71	1.71	1.73	1.67	1.71
T3	1.70	1.70	1.72	1.62	1.67	1.69	1.66	1.68
Média do período (s)	1.71	1.71	1.71	1.704	1.70	1.72	1.69	

***Os valores são a média de quatro repetições**

ANONA para alterações no teor de cinzas do leitelho adicionado de canela em pó

Fonte de Variação	DF	SS	EM	Valor F	Significado	SE(m)	SE(d)	C.D.
Tratamento	3	0.023	0.008	5.565	0.00156	0.007	0.010	0.020
Período de armazenamento	6	0.007	0.001	0.826	0.55287	0.009	0.013	N/A
T xS	18	0.060	0.003	2.427	0.00348	0.019	0.026	0.052
Erro	84	0.116	0.001					

CD está ao nível de 5%

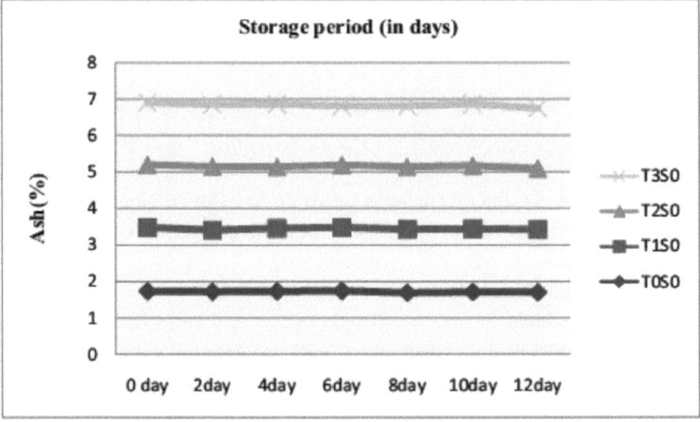

Fig 4.21: Alterações nas cinzas do leitelho adicionado com diferentes níveis de canela em pó durante o armazenamento a temperatura refrigerada (7 ± 2°C)

4.7.1.5 Alterações dos sólidos totais durante a armazenagem

O efeito da adição de canela em pó no teor de sólidos totais das amostras de leitelho durante o armazenamento à temperatura de refrigeração (7±2°C) é apresentado na Tabela 4.10 e na Fig. 4.22. Durante o armazenamento, observou-se que o teor de sólidos totais da amostra de controlo era de 9,35 no dia 0th, tendo aumentado ligeiramente e atingido 9,56 no final do dia 12th, enquanto que no caso da amostra de leitelho, observou-se uma alteração dos sólidos totais de 9,58 para 9,77 (Ti) e de 10,00 para 10,19 (T3) no dia 12th. As amostras experimentais T3 e Ti tiveram a pontuação média mais alta e mais baixa do tratamento, 10,10 e 9,67, respetivamente. A amostra de controlo (T0) obteve a pontuação média de tratamento mais baixa de todas as amostras, 9,48, para a TS. Verificou-se uma diferença não significativa (p<0,05) nas pontuações médias dos tratamentos de todas as amostras de leitelho. A interação entre o tratamento e o período de armazenamento para as pontuações da ET foi considerada não significativa para as amostras de leitelho.

Chourasia *et al.*, (2011) desenvolveram Leite Aromatizado com Ervas (HMF) através da incorporação de extrato de certas especiarias como Canela (50%), Pimenta Preta (10%), Cardamomo (20%), Folha de Louro (10%) e Noz Moscada (10%), tendo-se verificado que o efeito não foi significativo entre os tratamentos, o período de armazenamento, bem como a interação entre o tratamento e o período de armazenamento não foi significativa.

Quadro 4.10: Efeito da adição de canela em pó nos sólidos totais de amostras de leitelho durante o armazenamento a temperatura refrigerada (7 ± 2°C)

Tratamento	Armazenamento em dias (S)							Tratamento médio (T)
	0th	2nd	4th	6'	8th	10th	12th	
Para	9.35	9.43	9.46	9.49	9.51	9.50	9.56	9.48
Ti	9.58	9.61	9.64	9.67	9.70	9.74	9.77	9.67
T2	9.80	9.83	9.85	9.88	9.90	9.68	9.76	9.88
T3	10.00	10.04	10.08	10.10	10.13	10.14	10.19	10.10
Média do período (s)	9.68	9.73	9.76	9.78	9.81	9.84	9.87	

***Os valores são a média de quatro repetições**

ANONA Quadro das alterações do teor de sólidos totais do leitelho adicionado de canela em pó

Fonte de Variação	DF	SS	EM	Valor F	Significado	SE(m)	SE(d)	C.D.
Tratamento	3	2.356	0.785	7.208	0.00023	0.062	0.088	0.176
Período de armazenamento	6	0.446	0.074	0.683	0.66394	0.083	0.117	N/A
T xS	18	2.359	0.131	1.203	0.27795	0.165	0.233	N/A
Erro	84	9.153	0.109					

CD está ao nível de 5%

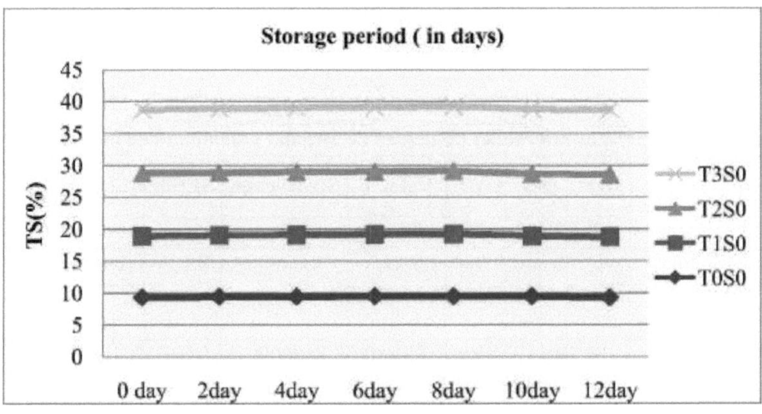

Fig 4.22: Alterações nos sólidos totais do leitelho adicionado com diferentes níveis de canela em pó durante o armazenamento a temperatura refrigerada (7 ± 2°C) 4.7.1.6 Alterações na acidez durante o armazenamento

O efeito da adição de canela em pó na acidez das amostras de leitelho durante o armazenamento à temperatura de refrigeração (7±2°C) é apresentado na Tabela 4.11 e na Fig. 4.23. Durante o armazenamento, observou-se que a acidez da amostra de controlo era de 0,64 no dia 0th, tendo aumentado ligeiramente e atingido 1,76 no final do dia 12th, enquanto que no caso da amostra experimental se observou que a acidez mudou de 0,67 para 0,77 para (T1) e para (T3) a acidez mudou de 0,77 para 0,85, tendo variado de 0,67 para 0,77 no dia 0 e aumentado para 0,77 (T1) para 0,85 (T3) no dia 12th. As amostras experimentais T3 e T1 tiveram a pontuação média mais alta e mais baixa do tratamento, 0,79 e 0,72, respetivamente. A amostra de controlo (T0) obteve a pontuação média mais baixa de 0,69 para a acidez entre todas as amostras. Verificou-se uma diferença significativa (p<0,05) nas pontuações médias dos tratamentos de todas as amostras de leitelho. A interação entre o tratamento e o período de armazenamento para as pontuações de acidez foi considerada não significativa para as amostras de leitelho.

Com o decorrer do período de armazenamento, os valores de acidez de todas as amostras aumentaram ligeiramente, o que pode dever-se à adição de canela em pó durante o período de armazenamento.

Behard *et al.,* (2009) prepararam iogurte à base de ervas com canela e *alcaçuz*, estudaram os efeitos no iogurte e descobriram que a acidez aumenta durante o armazenamento.

Quadro 4.11: Efeito da adição de canela em pó na acidez do leitelho amostras durante a armazenagem a temperatura refrigerada (7 ± 2°C)

Tratamento	Armazenamento em dias (S)							Tratamento médio (T)
	0th	2nd	4th	6'	8th	10th	12th	
Para	0.64	0.72	0.79	0.84	0.89	1.00	1.76	0.94
T1	0.67	0.78	0.81	0.87	0.94	0.98	1.27	0.90
T2	0.71	0.73	0.75	0.77	0.77	0.79	1.00	0.78
T3	0.77	0.72	0.79	0.8	0.81	0.79	0.85	0.79
Média do período (s)	0.69	0.73	0.78	0.82	0.85	0.89	1.22	

***Os valores são a média de quatro repetições**

Quadro ANONA para as alterações de acidez do leitelho adicionado de canela em pó

Fonte de Variação	DF	SS	EM	Valor F	Significado	SE(m)	SE(d)	C.D.
Tratamento	3	0.142	0.047	89.395	0.00000	0.006	0.004	0.012
Período de armazenamento	6	0.026	0.004	8.225	0.00000	0.008	0.006	0.016
T xS	18	0.112	0.006	11.750	0.00000	0.016	0.012	0.032
Erro	84	0.044	0.001					

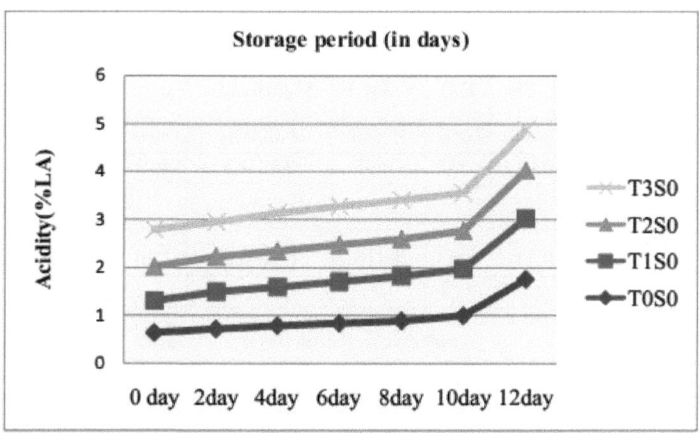

Fig 23: Alterações na acidez do leitelho adicionado com diferentes níveis de canela em pó durante o armazenamento a temperatura refrigerada (7 ± 2°C)

4.7.1.7 Alterações do pH durante a armazenagem

O efeito da adição de canela em pó no pH das amostras de leitelho durante o armazenamento à temperatura de refrigeração (7±2°C) é apresentado na Tabela 4.12 e na Fig. 4.24. Durante o armazenamento, observou-se que o pH da amostra de controlo era de 4,45 no dia 0th , que mudou ligeiramente e finalmente atingiu 3,39 no final do 12° dia, enquanto no caso da amostra experimental variou de 4,35 (T1) a 4,37 (T3) no dia 0th e aumentou para 4,4 (T1) a 4,25 (T3) no dia 12th . As amostras experimentais T3 e T1 tiveram a pontuação média mais baixa e mais alta do tratamento de 4,32 e 4,38, respetivamente. A amostra (T3) obteve a menor pontuação média de tratamento de 4,31 para viscosidade entre todas as amostras. Verificou-se uma diferença significativa (p<0,05) nas pontuações médias dos tratamentos de todas as amostras de leitelho. A interação entre o tratamento e o período de armazenamento para as pontuações de pH foi considerada não significativa para as amostras de leitelho.

Com o decorrer do período de armazenamento, o pH de todas as amostras aumentou ligeiramente, o que pode ser devido à adição de canela em pó durante o período de armazenamento

Chourasia *et al.*, (2011) também encontraram uma diminuição do pH durante o armazenamento de HMF devido à degradação da lactose em ácidos.

Quadro 4.12: Efeito da adição de canela em pó no pH do leitelho amostras durante a armazenagem a temperatura refrigerada (7 ± 2°C)

Tratamento	Armazenamento em dias (S)							Tratamento médio (T)
	0th	2nd	4th	6·	8th	10th	12th	
Para	4.45	4.43	4.41	4.37	4.43	4.42	3.39	4.41
Ti	4.35	4.42	4.41	4.38	4.33	4.4	3.8	4.38
T2	4.36	4.31	4.38	4.38	4.34	4.29	4.00	4.34
T3	4.37	4.32	4.27	4.36	4.35	4.30	4.25	4.32
Média do período (s)	4.38	4.37	4.36	4.37	4.36	4.35	4.35	

***Os valores são a média de quatro repetições**

Tabela ANONA para as alterações do pH do leitelho adicionado de canela em pó

Fonte de Variação	DF	SS	EM	Valor F	Significado	SE(m)	SE(d)	C.D.
Tratamento	3	0.149	0.050	35.491	0.00000	0.010	0.007	0.020
Período de armazenamento	6	0.014	0.002	1.697	0.13165	0.013	0.009	N/A
T xS	18	0.111	0.006	4.415	0.00000	0.026	0.019	0.053
Erro	84	0.118	0.001					

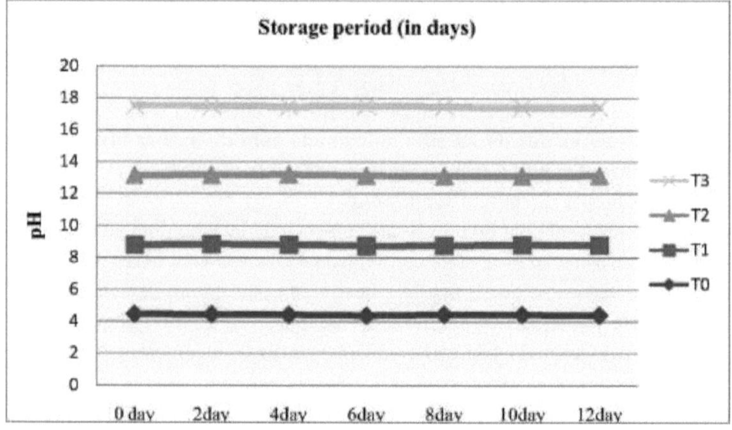

Fig 24: Alterações no pH do leitelho adicionado com diferentes níveis de canela em pó durante o armazenamento a temperatura refrigerada (7 ± 2°C)

4.7.1.8 Alterações da viscosidade durante a armazenagem

O efeito da adição de canela em pó na viscosidade das amostras de leitelho durante o armazenamento à temperatura de refrigeração (7±2°C) é apresentado na Tabela 4.13 e na Fig. 4.25. Durante o armazenamento, o índice de viscosidade da amostra de controlo foi observado como sendo 4,48 no dia 0th que aumentou ligeiramente e atingiu 4,54 (cp) no final do dia 12th , enquanto que no caso da amostra experimental variou de 4,61 a 4,57 (T_I) e 4,58 a 4,66 (T_3) para um período de armazenamento semelhante. As amostras experimentais T3 e T_I tiveram a pontuação média mais alta e mais baixa do tratamento, 4,60 e 4,59, respetivamente. A amostra de controlo (T_0) obteve a menor pontuação média de tratamento de 4,57 para a viscosidade entre todas as amostras. Verificou-se uma diferença significativa (p<0,05) nas pontuações médias dos tratamentos de todas as amostras de leitelho.

Tabela 4.13: Efeito da adição de canela em pó na viscosidade (cp) de amostras de leitelho durante o armazenamento a temperatura refrigerada (7 ± 2°C)

Tratamento	Armazenamento em dias (S)							Tratamento médio (T)
	0th	2nd	4th	6t	8th	10th	12th	
Para	4.48	4.54	4.54	4.82	4.49	4.55	4.54	4.57
Ti	4.61	4.49	4.81	4.55	4.63	4.50	4.57	4.59

	4.56	4.64	4.51	4.57	4.57	4.65	4.52	4.57
T2	4.56	4.64	4.51	4.57	4.57	4.65	4.52	4.57
T3	4.58	4.58	4.66	4.51	4.58	4.60	4.66	4.60
Média do período (s)	4.56	4.56	4.63	4.62	4.56	4.57	4.57	

***Os valores são a média de quatro repetições**

ANONA Tabela de alterações da viscosidade (cp) da canela em pó adicionada de leitelho

Fonte de Variação	DF	SS	EM	Valor F	Significado	SE(m)	SE(d)	C.D.
Tratamento	3	0.018	0.006	0.355	0.78580	0.035	0.025	N/A
Período de armazenamento	6	0.075	0.012	0.726	0.63014	0.046	0.033	N/A
T xS	18	0.639	0.035	2.067	0.01414	0.093	0.066	0.185
Erro	84	1.443	0.017					

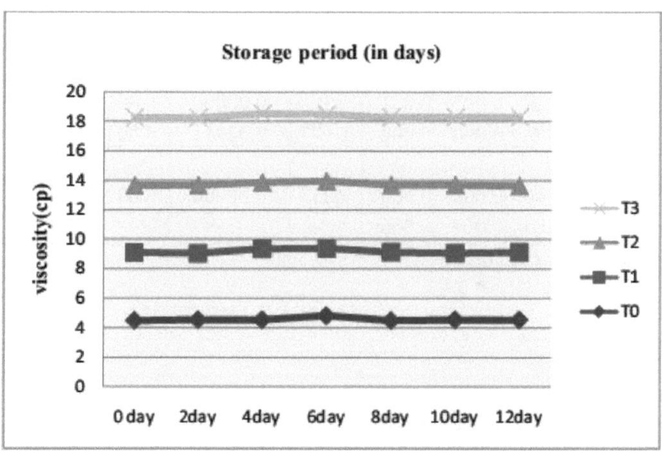

Fig.25: Alterações na viscosidade (cp) do leitelho adicionado com diferentes níveis de canela em pó durante o armazenamento a temperatura refrigerada (7 ± 2°C)

4.7.1.9 Alterações da gravidade específica da armazenagem

O efeito da adição de canela em pó na gravidade específica das amostras de leitelho durante o armazenamento à temperatura de refrigeração (7±2°C) é apresentado na Tabela 4.14 e na Fig. 4.26. Durante o armazenamento, a gravidade específica da amostra de controlo foi observada como sendo 1,039 no dia 0th que aumentou ligeiramente e atingiu 1,049 no final do dia 12th, enquanto que no caso da amostra experimental o valor da gravidade específica variou de 1,042 a 1,056 para T1 no mesmo período de tempo. Enquanto que as alterações observadas em T3 foram de 1,047 para 1,060 após 12th dias de armazenamento. As amostras experimentais T3 e T1 tiveram a pontuação média mais alta e mais baixa do tratamento, 1,053 e 1,049, respetivamente. A amostra de controlo (T0) obteve a pontuação média de tratamento mais baixa de todas as amostras, 1,043 para o grão de bico. Verificou-se uma diferença significativa (p<0,05) nas pontuações médias dos tratamentos de todas as amostras de leitelho. A interação entre o tratamento e o período de armazenamento para as pontuações de sp.gr foi considerada não significativa para as amostras de leitelho.

Tabela 4.14: Efeito da adição de canela em pó na gravidade específica das amostras de leitelho durante o armazenamento a temperatura refrigerada (7 ± 2°C)

Tratamento	Armazenamento em dias (S)							Tratamento médio (T)
	0th	2nd	4th	6"	8th	10th	12th	
Para	1.039	1.04	1.042	1.044	1.046	1.047	1.049	1.043
Ti	1.042	1.045	1.047	1.049	1.052	1.054	1.056	1.049
T2	1.045	1.047	1.049	1.052	1.054	1.056	1.057	1.051
T3	1.047	1.049	1.051	1.053	1.055	1.057	1.06	1.053
Média do período (s)	1.043	1.045	1.047	1.0495	1.051	1.053	1.0555	

***Os valores são a média de quatro repetições**

ANONA Tabela de alterações da gravidade específica da canela em pó adicionada de leitelho

Fonte de Variação	DF	SS	EM	Valor F	Significado	SE(m)	SE(d)	C.D.
Tratamento	3	0.003	0.001	78.064	0.00000	0.001	0.001	0.002
Período de armazenamento	6	0.000	0.000	1.172	0.32911	0.001	0.001	N/A
T xS	18	0.002	0.000	7.845	0.00000	0.002	0.003	0.005
Erro	84	0.001	0.000					

Período de armazenamento (em dias)

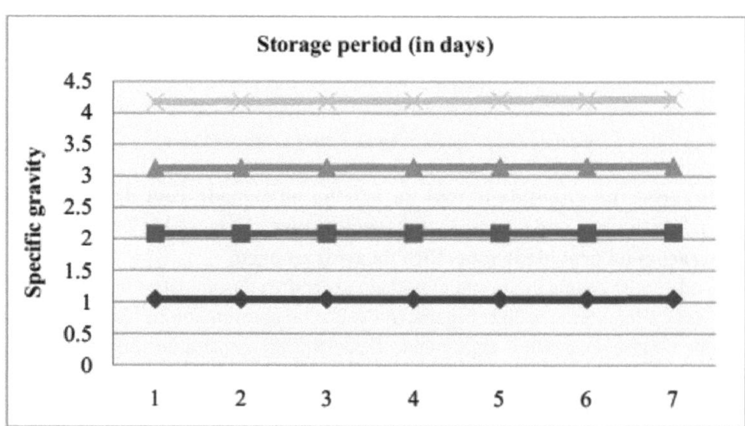

Fig 4.26: Alterações na gravidade específica do leitelho adicionado com diferentes níveis de canela em pó durante o armazenamento a temperatura refrigerada (7 ± 2°C)

4.7.2 Alterações da qualidade sensorial do leitelho adicionado de canela durante a armazenagem a 7 ± 2°C durante 12 dias

O efeito da adição de canela em pó na qualidade sensorial no que diz respeito à cor e ao aspeto, à consistência, ao aroma e ao sabor e à aceitabilidade global do leitelho com canela foi estudado durante o armazenamento à temperatura de refrigeração (7±2°C) e os resultados são apresentados nos respectivos quadros e figuras. As amostras de leitelho adicionadas de canela foram submetidas a análise sensorial nos dias 0th , 2nd , 4th , 6th , 8th , 10th e 12th . Verificou-se que todas as amostras experimentais permaneceram aceitáveis no 12th dia de armazenamento. Os resultados obtidos para a análise sensorial foram significativamente afectados pelos tratamentos e pelo período de armazenamento a $7 \pm 2°C$ durante 12 dias.

4.7.2.1 Alterações da cor e do aspeto durante a armazenagem

O efeito da adição de canela em pó na cor e no aspeto das amostras de leitelho durante o armazenamento à temperatura de refrigeração (7±2°C) é apresentado na Tabela 4.15 e na Fig. 4.27. Durante o armazenamento, a pontuação de cor e aparência da amostra de controlo foi observada como sendo de 8,5 no dia 0th que diminuiu gradualmente e atingiu 7,9 no final do dia 12th , enquanto que no caso da amostra experimental mudou de 8,2 para 7,7 para T_1 e 7,5 para 6,8 para T_3. As amostras experimentais T3 e T_1 tiveram a pontuação média mais baixa e mais alta do tratamento, 7,14 e 7,98, respetivamente. A amostra (T_3) obteve a menor pontuação média de tratamento de 7,14 para cor e aparência entre todas as amostras.

Verificou-se uma diferença significativa (p<0,05) nas pontuações médias dos tratamentos de todas as amostras de leitelho. A interação entre o tratamento e o período de armazenamento para as pontuações de cor e aspeto foi considerada significativa para as amostras de leitelho.

Quadro 4.15: Efeito da adição de canela em pó na cor e no aspeto das amostras de leitelho durante o armazenamento a temperatura refrigerada ($7 \pm 2°C$)

Tratamento	Armazenamento em dias (S)							Tratamento médio (T)
	0th	2nd	4th	$6'$	8th	10th	12th	
Para	8.5	8.4	8.3	8.2	8.1	7.9	7.9	8.18
Ti	8.2	8.2	8.1	8	7.9	7.8	7.7	7.98
T2	8.0	7.9	7.8	7.7	7.6	7.5	7.3	7.68
T3	7.5	7.4	7.3	7.1	7	6.96	6.8	7.14
Média do período (s)	8.05	7.97	7.87	7.75	7.65	7.52	7.42	

***Os valores são a média de quatro repetições**

Tabela ANONA para as alterações da cor e do aspeto do leitelho adicionado de canela em pó

Fonte de Variação	DF	SS	EM	Valor F	Significado	SE(m)	SE(d)	C.D.
Tratamento	3	7.416	2.472	69.217	0.00000	0.051	0.036	0.101
Período de armazenamento	6	0.374	0.062	1.744	0.12089	0.067	0.047	N/A
T xS	18	13.953	0.775	21.706	0.00000	0.134	0.094	0.266
Erro	84	3.000	0.036					

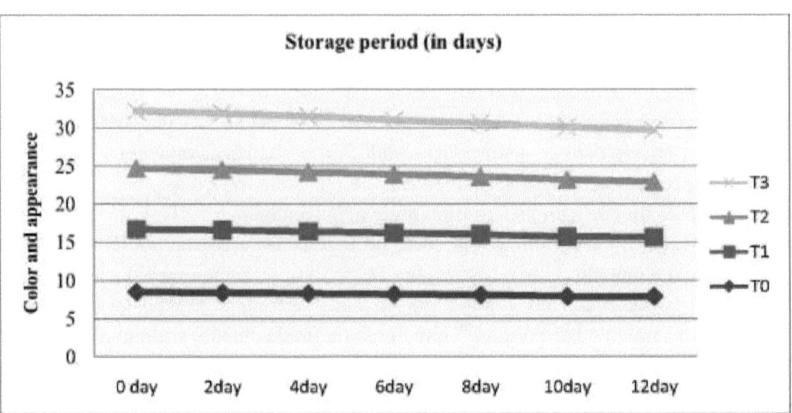

Fig.27: Alterações na cor e no aspeto adicionadas com diferentes níveis de canela em pó durante o armazenamento a temperatura refrigerada (7 ± 2°C)

4.7.2.2 Alterações de consistência durante o armazenamento

O efeito da adição de canela em pó no índice de consistência das amostras de leitelho durante o armazenamento à temperatura de refrigeração (7 ± 2°C) é apresentado na Tabela 4.16 e na Fig. 4.28. Durante o armazenamento, a pontuação de consistência da amostra de controlo foi observada como sendo 8,32 no dia 0th que diminuiu gradualmente e atingiu 6,81 no final do período de armazenamento 12th dias, enquanto que no caso da amostra experimental variou de 7,17 a 6,73 para T1, 7,55 a 7,2 para T2 e 7,60 a 6,67 para T3. As pontuações médias mais elevadas e mais baixas do tratamento para a consistência foram encontradas na amostra de controlo e experimental T0 (7,68) e T3 (7,08).

Foi encontrada uma diferença significativa (p<0,05) nas pontuações médias dos tratamentos de todas as amostras de leitelho. Houve uma diminuição gradual na pontuação de consistência do leitelho e foi estatisticamente significativa (p<0,05) em todos os intervalos de armazenamento. A interação entre o tratamento e o período de armazenamento foi considerada significativa.

A classificação da consistência em todas as amostras de leitelho diminuiu durante o período de armazenagem. A diminuição da pontuação média da consistência durante o período de armazenamento pode ser atribuída ao aumento da viscosidade e da acidez, o que teria reduzido a pontuação média do aroma e do sabor durante o armazenamento do leitelho.

Quadro 4.16: Efeito da adição de canela em pó na consistência das amostras de leitelho durante o armazenamento a temperatura refrigerada (7 ± 2°C)

Tratamento	Armazenamento em dias (S)							Tratamento médio (T)
	0th	2nd	4th	6"	8th	10th	12th	
Para	8.3	8.1	7.8	7.7	7.5	7.3	6.8	7.68
T1	7.1	8.1	7.8	7.6	7.0	6.9	6.7	7.36
T2	7.5	6.9	7.8	7.7	7.3	6.8	7.2	7.34
T3	7.6	7.59	7.5	6.7	6.5	6.8	6.6	7.08
Média do período (s)	7.66	7.69	7.78	7.47	7.13	6.98	6.85	

***Os valores são a média de quatro repetições**

Tabela ANONA para alterações na consistência do leitelho adicionado de canela em pó

Fonte de Variação	DF	SS	EM	Valor F	Significado	SE(m)	SE(d)	C.D.
Tratamento	3	8.418	2.806	64.367	0.00000	0.039	0.056	0.111
Período de armazenamento	6	0.432	0.072	1.653	0.14276	0.052	0.074	N/A
T xS	18	13.341	0.741	17.001	0.00000	0.104	0.148	0.294
Erro	84	3.662	0.044					

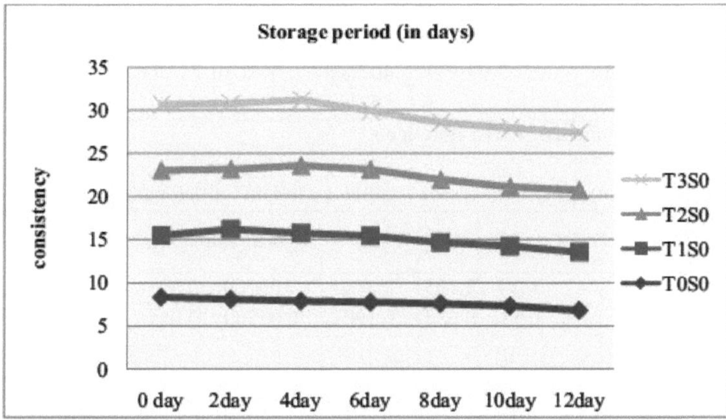

Fig 28: Alterações na consistência adicionada com diferentes níveis de canela em pó durante o armazenamento a temperatura refrigerada (7 ± 2°C)

4.7.2.3 Alterações do aroma e do sabor durante a armazenagem

O efeito da adição de canela em pó nas amostras de leitelho com aroma e sabor durante o armazenamento à temperatura de refrigeração (7 ± 2°C) é apresentado no Quadro 4.17 e na Fig.29. Durante o armazenamento, a pontuação de aroma e sabor da amostra de controlo foi observada como sendo 8,45 no dia 0th que diminuiu gradualmente e atingiu 7,87 no final do período de armazenamento de 12th dias, enquanto que no caso da amostra experimental variou de 7,30 (T1) a 7,70 (T3) no dia 0th e diminuiu para 7,90 (T1) a 6,67 (T3) no dia 12th . As pontuações médias mais elevadas do tratamento para o aroma e o sabor foram encontradas na amostra de controlo T0 (8,03) e na amostra experimental T1 (7,78), enquanto a pontuação mais baixa foi encontrada na amostra T3 (7,29). A pontuação média do aroma e do sabor durante o armazenamento no dia 0th (amostra fresca) foi registada como 8,03, tendo diminuído gradualmente e atingido 7,29 no final do dia 12th .

Verificou-se uma diferença significativa (p<0,05) nas pontuações médias dos tratamentos de todas as amostras de leitelho. Houve um decréscimo gradual na pontuação de aroma e sabor do leitelho e foi estatisticamente significativo (p<0,05) em todos os intervalos de armazenamento. A interação entre o tratamento e o período de armazenamento foi considerada significativa.

A pontuação do aroma e do sabor em todas as amostras de leitelho diminuiu durante o período de armazenamento. A diminuição da pontuação média do aroma e do sabor durante o período de armazenamento pode ser atribuída ao aumento da acidez, à atividade dos microrganismos e a outras alterações bioquímicas, à perda de substâncias aromáticas voláteis que teriam reduzido a pontuação média do aroma e do sabor durante o armazenamento do leitelho.

Quadro 4.17: Efeito da adição de canela em pó no aroma e sabor de amostras de leitelho durante o armazenamento a temperatura refrigerada (7 ± 2°C)

Tratamento	Armazenamento em dias (S)							Tratamento médio (T)
	0th	2nd	4th	6t	8th	10th	12th	
Para	8.45	8.20	7.97	7.40	8.27	8.10	6.52	8.03
Ti	7.30	8.2	8.00	7.77	7.17	8.10	7.21	7.78
T2	7.67	7.17	7.97	7.80	7.55	6.97	7.19	7.57
T3	7.70	7.35	6.87	7.70	7.60	7.15	6.67	7.29
Média do período (s)	8.45	8.20	7.97	7.40	8.27	8.10	7.87	

***Os valores são a média de quatro repetições**

ANONA Tabela de alterações de aroma e sabor no leitelho adicionado de canela em pó

Fonte de Variação	DF	SS	EM	Valor F	Significado	SE(m)	SE(d)	C.D.
Tratamento	3	8.386	2.795	75.502	0.00000	0.036	0.051	0.102
Período de armazenamento	6	0.531	0.088	2.390	0.03509	0.048	0.068	0.136
T xS	18	13.492	0.750	20.246	0.00000	0.096	0.136	0.271
Erro	84	3.110	0.037					

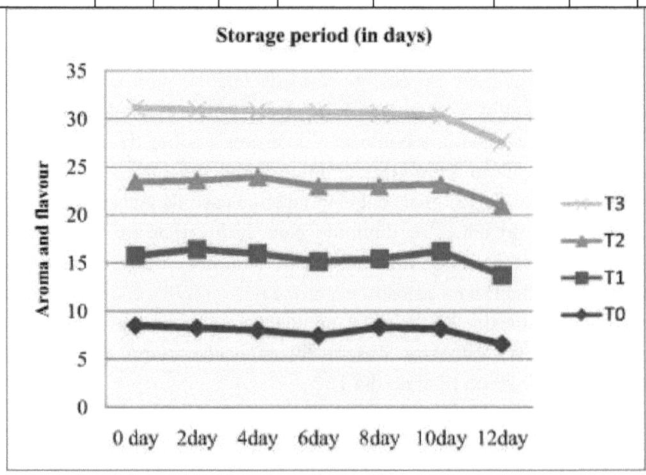

Fig 29: Alterações no aroma e sabor adicionados com diferentes níveis de canela em pó durante o armazenamento a temperatura refrigerada (7 ± 2°C)

4.7.2.4 Alterações da aceitabilidade global durante a armazenagem

O efeito da adição de canela em pó na aceitabilidade global das amostras de leitelho durante o armazenamento à temperatura de refrigeração (7 ± 2°C) é mostrado no Quadro 4.18 e apresentado graficamente na Fig. 4.30. Durante o armazenamento, a pontuação de aceitabilidade global da amostra de controlo foi observada como sendo 8,55 no dia 0th que diminuiu gradualmente e atingiu 7,82 no final do dia 12th, enquanto que no caso da amostra experimental variou de 6,87 a 7,60 para T1 e 7,17 a 6,05 para T3 no dia 0th e aumentou para 7,60 (T1) a 6,05 (T3) no dia 12th. Ao comparar as médias dos tratamentos, pode ver-se que as amostras T0 e T1 tiveram a pontuação mais elevada de aceitabilidade global de 8,07 e 7,56 foi a par com T1 e diferiu significativamente do resto das amostras, enquanto T3 teve a pontuação mais baixa de 6,72. A pontuação mais elevada registou-se na amostra T1, seguida da T3 (1,5% de canela em pó). As amostras experimentais T1 e T2 obtiveram a pontuação mais elevada em termos de cor e aspeto, consistência, sabor e aceitabilidade global, mas a amostra T2 obteve a pontuação mais elevada em termos de consistência. A pontuação relativa à consistência da T2 foi significativamente diferente das amostras experimentais T1 e T3.

Quadro 4.18: Efeito da adição de canela em pó na aceitabilidade global das amostras de leitelho durante o armazenamento a temperatura refrigerada (7 ± 2°C)

Tratamento	Armazenamento em dias (S)							Tratamento médio (T)
	0th	2nd	4th	6"	8th	10th	12th	
Para	8.55	8.40	7.87	7.15	8.47	8.22	7.82	8.07
Ti	6.87	8.27	7.97	7.45	6.70	8.10	7.60	7.56
T2	7.15	6.55	7.90	7.40	6.92	6.42	7.62	7.13
T3	7.17	6.75	6.27	7.40	6.95	6.50	6.05	6.72
Média do período (s)	7.43	7.49	7.50	7.35	7.26	7.31	7.27	

***Os valores são a média de quatro repetições**

Tabela ANONA para a aceitabilidade global do leitelho adicionado de canela em pó

Fonte de Variação	DF	SS	EM	Valor F	Significado	SE(m)	SE(d)	C.D.
Tratamento	3	27.876	9.292	92.588	0.00000	0.085	0.060	0.169
Período de armazenamento	6	0.997	0.166	1.656	0.14209	0.112	0.079	N/A
T x S	18	26.495	1.472	14.667	0.00000	0.224	0.158	0.446
Erro	84	8.430	0.100					

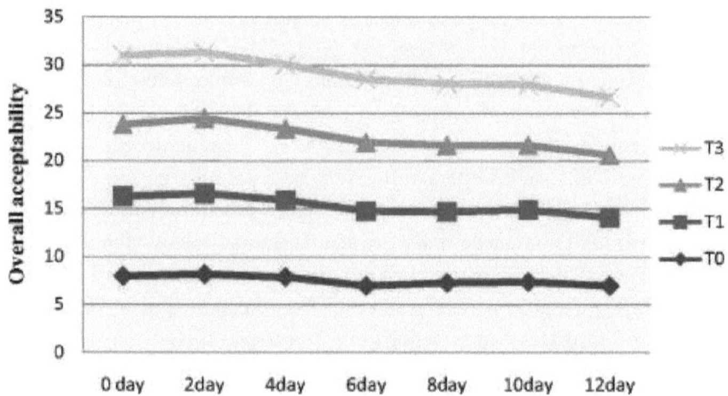

Fig. 30: Alterações na aceitabilidade global adicionadas com diferentes níveis de canela em pó durante o armazenamento a temperatura refrigerada (7 ± 2°C)

4.7.3 Alterações da qualidade microbiana do leitelho adicionado de canela durante a armazenagem a 7 ± 2°C durante 12 dias

4.7.3.1 Alterações na contagem padrão de placas durante o armazenamento

O efeito da adição de canela em pó na pontuação SPC das amostras de leitelho durante o armazenamento à temperatura de refrigeração (7±2°C) é apresentado na Tabela 4.19 e na Fig. 4.31. Durante o armazenamento, a pontuação SPC da amostra de controlo foi observada como sendo 4,35 no dia 0th que aumentou ligeiramente e atingiu 8,47 no final do dia 12th, enquanto que no caso da amostra experimental variou de 4,68 (T1) a 4,47 (T3) no dia 0th e aumentou para 7,51 (T1) a 6,45 (T3) no dia 12th. As amostras experimentais T3 e T1 tiveram a pontuação média de tratamento mais alta e mais baixa de 4,72 e 5,74, respetivamente. A amostra de controlo (T3) obteve a pontuação média de tratamento mais baixa de todas as amostras, 4,72 para o SPC. Foi encontrada uma diferença significativa (p<0,05) nas pontuações médias dos tratamentos de todas as amostras de leitelho. A interação entre o tratamento e o período de armazenamento para as pontuações do CCP foi considerada significativa para as amostras de leitelho.

Vidanagamagea *et al.,* (2015) estudaram os efeitos do extrato de canela nas propriedades funcionais da manteiga. A manteiga de canela tem uma contagem microbiana baixa quando comparada com outras.

Tabela 4.19: Efeito da adição de canela em pó na contagem padrão em placa de amostras de leitelho (ufc/g) durante o armazenamento a temperatura refrigerada (7 ± 2'C)

Tratamento	Armazenamento em dias (S)							Tratamento médio (T)
	0th	2nd	4th	6"	8th	10th	12th	
Para	4.35	4.69	4.87	5.32	6.88	7.56	8.47	6.02
Ti	4.68	4.17	4.23	4.38	4.76	4.91	5.37	4.64
T2	4.51	4.56	4.63	4.72	4.77	4.79	5.01	4.71
T3	4.47	4.52	4.57	4.59	4.62	4.66	4.75	4.59
Média do	4.50	4.48	4.57	4.75	5.25	5.48	5.9	

período (s)								

***Os valores são a média de quatro repetições**

Tabela ANONA para as alterações na contagem padrão em placa (ufc/g) do leitelho adicionado de canela em pó

Fonte de Variação	DF	SS	EM	Valor F	Significado	SE(m)	SE(d)	C.D.
Tratamento	3	1.036	0.345	79.090	0.00000	0.035	0.018	0.012
Período de armazenamento	6	0.091	0.015	3.486	0.00398	0.047	0.023	0.017
T xS	18	0.434	0.024	5.526	0.00000	0.093	0.047	0.033
Erro	84	0.367	0.004					

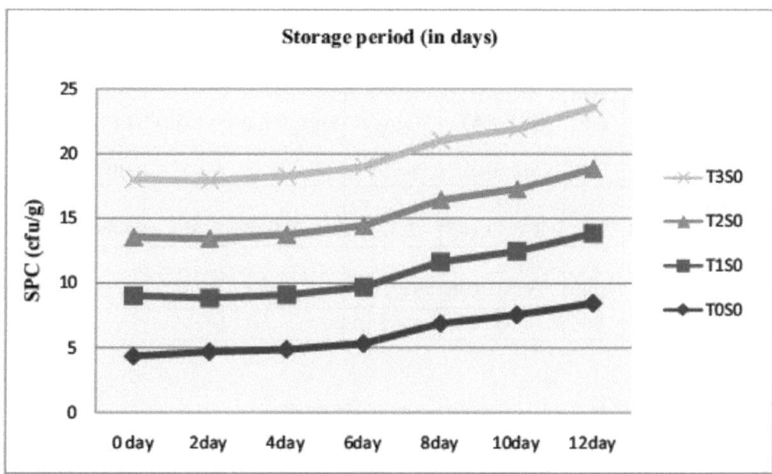

Fig.31: Alterações na contagem padrão de placas (ufc/g) adicionadas com diferentes níveis de canela em pó durante o armazenamento a temperatura refrigerada (7 ± 2°C)

4.7.3.2 Alterações na contagem de leveduras e bolores durante a armazenagem

O efeito da adição de canela em pó na contagem de leveduras e bolores das amostras de leitelho durante o armazenamento à temperatura de refrigeração (7±2°C) é apresentado na Tabela 4.20 e na Fig. 4.28. Durante o armazenamento, a contagem de leveduras e bolores da amostra de controlo foi observada como sendo 4,26 no dia 0th que diminuiu ligeiramente e atingiu 3,07 no final do dia 12th , enquanto que no caso da amostra experimental variou de 3,29 (T1) a 4,58 (T3) no dia 0th e aumentou para 4,49 (T1) a 3,42 (T3) no dia 12th . As amostras experimentais T3 e T1 tiveram a pontuação média mais alta e mais baixa do tratamento, 4,08 e 4,00, respetivamente. A amostra (T0) obteve a menor pontuação média de tratamento de 3,76 para a contagem de leveduras e bolores entre todas as amostras. Verificou-se uma diferença significativa (p<0,05) nas pontuações médias dos tratamentos de todas as amostras de leitelho. A interação entre o tratamento e o período de armazenamento para as pontuações da contagem de leveduras e bolores foi considerada significativa para as amostras de leitelho.

Resultado semelhante encontrado por Vidanagamagea *et al.,* (2015), Behard *et al.,* (2009) nos seus produtos.

Tabela 4.20 Efeito da adição de canela em pó na levedura e no bolor (ufc/g) de amostras de leitelho durante o armazenamento a temperatura refrigerada (7 ± 2°C)

Tratamento	Armazenamento em dias (S)							Tratamento médio (T)
	0th	2nd	4th	6t	8th	10th	12th	
Para	4.26	4.17	4.06	3.8	3.78	3.7	3.6	3.91
Ti	3.29	4.49	4.45	3.16	3.56	4.53	3.5	3.85
T2	3.47	3.64	3.77	3.84	3.87	3.58	3.47	3.66
T3	4.58	4.60	4.5	4.66	4.61	3.53	3.42	4.27
Média do período (s)	3.9	4.22	4.19	3.86	3.95	3.83	3.49	

***Os valores são a média de quatro repetições**

Tabela ANONA para alterações na contagem de leveduras e bolores (ufc/g) do leitelho adicionado de canela em pó

Fonte de variação	DF	SS	EM	Valor F	Significado	SE(m)	SE(d)	C.D.
Tratamento	3	1.567	0.522	8.299	0.00007	0.047	0.067	0.134
Período de armazenamento	6	0.878	0.146	2.325	0.03990	0.063	0.089	0.177
T xS	18	35.935	1.996	31.718	0.00000	0.125	0.177	0.353
Erro	84	0.367	0.004					

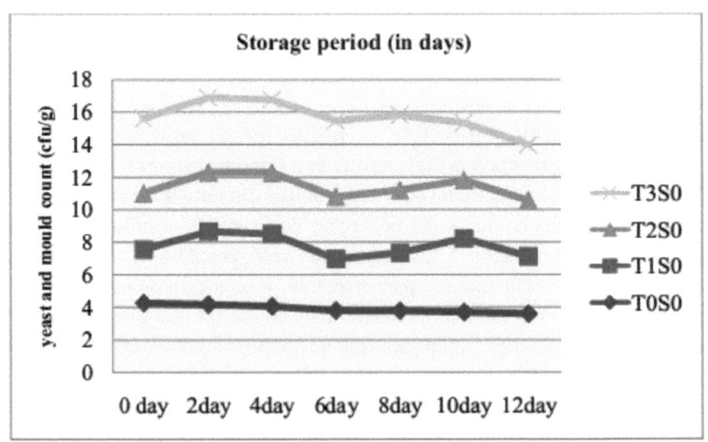

Fig 32: Alterações na contagem de leveduras e bolores (ufc/g) adicionados com diferentes níveis de canela em pó durante o armazenamento a temperatura refrigerada (7 ± 2°C)

CAPÍTULO V

RESUMO E CONCLUSÃO

Sabe-se que os produtos lácteos fermentados, como o *dahi*, o *lassi* e o leitelho, fazem parte da nossa dieta há vários séculos. Nos últimos anos, têm-se tornado cada vez mais populares diversas variedades de bebidas lácteas fermentadas com adição de sal e especiarias ou condimentos. A forte procura, por parte dos consumidores, de produtos lácteos fermentados seguros e de alta qualidade procura a adição de ingredientes biológicos em vez de matérias-primas químicas. Há também novas preocupações com a segurança alimentar devido à ocorrência crescente de novos surtos de doenças de origem alimentar causadas por microrganismos patogénicos. Isto levanta desafios consideráveis, particularmente porque há um desconforto crescente em relação à utilização de conservantes químicos e antimicrobianos artificiais para inativar ou inibir o crescimento de microrganismos patogénicos e de deterioração. Consequentemente, os antimicrobianos naturais estão a ser alvo de grande atenção para uma série de questões relacionadas com o controlo de microrganismos. A redução da necessidade de antibióticos, o controlo da contaminação microbiana nos alimentos, a melhoria das tecnologias de prolongamento do prazo de validade para eliminar agentes patogénicos indesejáveis e/ou retardar a deterioração microbiana, a diminuição do desenvolvimento de resistência aos antibióticos por parte de microrganismos patogénicos ou o reforço das células imunitárias nos seres humanos são alguns dos benefícios.

A emergente multirresistência dos agentes patogénicos de origem alimentar e a procura por parte dos consumidores de alimentos naturais frescos minimamente processados abriram caminho para a utilização de antimicrobianos naturais na indústria alimentar. Vários materiais vegetais têm sido utilizados nos alimentos pelo seu sabor e para aumentar o paladar, para além de proporcionarem uma maior qualidade de conservação.

A fermentação é uma das primeiras técnicas de conservação de alimentos utilizadas pelo homem desde tempos imemoriais. Tem desempenhado um papel importante na nutrição humana. O leitelho é um produto lácteo fermentado "pronto a servir". Tradicionalmente, o leitelho é preparado a partir do *dahi* numa panela de barro com a ajuda de um agitador de madeira. Originalmente, o leitelho referia-se ao líquido que sobrava da batedura da manteiga a partir de natas cultivadas ou fermentadas. Tradicionalmente, antes de se poder desnatar a nata do leite gordo, o leite era deixado em repouso durante algum tempo para permitir a separação da nata e do leite. Durante este tempo, as bactérias produtoras de ácido lático naturalmente presentes no leite fermentavam-no.

As especiarias têm sido importantes para a humanidade desde o início da história. Devido à sua forte qualidade conservante, as especiarias eram também utilizadas para embalsamar. O objetivo deste trabalho foi aumentar o prazo de validade do leitelho através da adição de canela em pó. A canela em pó foi adicionada em concentrações variáveis de 0,5, 1,0 e 1,5 % para desenvolver o leitelho com boas propriedades físico-químicas e aumentar o prazo de validade.

Tendo em conta o que precede, foi feito um esforço para aumentar o prazo de validade do leitelho através da adição de canela em pó e examinar as qualidades físicas, químicas, microbiológicas e sensoriais dos produtos preparados e armazenados. O custo de produção também foi estimado.

Foi feita uma tentativa na presente investigação para desenvolver leite coalhado adicionado de canela em pó suplementado com 3 níveis de adição de canela em pó 0,5%, 1,0% e 1,5% ao lado do controlo com 0% de canela em pó (T0) e cominho e sal preto foram adicionados a 0,4% em relação ao leite, fazendo 4 tratamentos i.e. T_0 , T1, T2 e T3. Os produtos são armazenados a uma temperatura refrigerada (7 ± 2°C). Cada tratamento foi repetido 4 vezes. As amostras armazenadas a temperatura refrigerada foram submetidas a análises físicas, químicas, microbiológicas e sensoriais aos 0th , 2nd 4th , 6th , 8th , 10th e 12th dias.

As amostras representativas frescas de leitelho foram submetidas a análises físico-químicas (gordura, cinzas, sólidos totais, gravidade específica, acidez e viscosidade), microbiológicas (contagem padrão em placa e contagem de leveduras e bolores) e sensoriais (cor e aspeto, consistência, aroma e sabor, e aceitabilidade global).

Na análise físico-química do leitelho adicionado de canela em pó, a amostra T3 apresentou valores significativamente mais elevados de gordura (0,78%), proteína (1,55%), TCH (5,98%), cinzas (1,74%), TS (10,00%), acidez (0,77%LA), pH (4.37), viscosidade (4.56cp) e gravidade específica (1.044) enquanto que T0 teve o valor mais baixo em gordura (0.58%), proteína (1.53%), TCH (5.49%), cinzas (1.69%), TS (9.35%), acidez (0.69%LA), pH(4.45), viscosidade (4.48cp) e gravidade específica (1.033).

No presente estudo, a amostra T3 obteve pontuações sensoriais mais baixas de 6,9, 7,3 e 7,4 para a cor e aspeto, consistência e aroma e sabor, respetivamente, mas T1 obteve a pontuação mais elevada de 7,8, 8,1 e 8,2 e T2 obteve os valores mais baixos em comparação com T2 de 7,6, 7,8, 7,97 e 7,5 para a cor e aspeto, consistência, aroma e sabor e aceitabilidade global, respetivamente.

Na análise microbiana das amostras de leitelho fresco, o CCP mais elevado foi encontrado na amostra T0 (4,49 ufc/g), enquanto o CCP mais baixo foi encontrado na amostra T3 (4,35 ufc/g). A contagem de leveduras e bolores do leitelho adicionado de canela em pó foi mais elevada na amostra T0 (4,45 ufc/g), enquanto a contagem mais baixa de leveduras e bolores foi registada na amostra T3 (4,24 ufc/g).

A análise físico-química das amostras armazenadas de leitelho adicionado de canela em pó foi determinada durante 12 dias a temperatura refrigerada. Os valores médios para o tratamento de diferentes parâmetros físicos e químicos foram os seguintes Durante o armazenamento, observou-se que o teor de gordura da amostra de controlo era de 0,58 no dia 0th , que mudou ligeiramente e atingiu 0,63 no final do dia 12th , enquanto que no caso da amostra experimental variou de 0,64 a 0,70 (T1), 0,71 a 0,77 (T2) e 0,78 a 0,85 (T3), o teor de cinzas da amostra de controlo foi observado como sendo 1,74 no dia 0th , que diminuiu ligeiramente e atingiu 1.71 no final do dia 12th , enquanto que no caso da amostra experimental o teor de cinzas era de 1,74 (T1) e 1,70 (T3) no dia 0th e que atingiu 1,71 (T1) a 1,66 (T3) no dia 12th , a pontuação TS da amostra de controlo foi observada como sendo 9,35 no dia 0th que aumentou ligeiramente e atingiu 9,56 no final do dia 12th , enquanto que no caso da amostra de leitelho o sólido total observou uma mudança de 9.58 para 9,77 (T1) e 10,00 para 10,19 (T3) no dia 12th , a acidez da amostra de controlo foi observada como sendo 0,64 no dia 0th que aumentou ligeiramente e atingiu 1,76 no final do dia 12th , enquanto que no caso da amostra experimental a acidez foi observada a mudar de 0,67 para 0,77 para (T1) e para (T3) a acidez mudou de 0,77 para 0,85, variando de 0.67 a 0,77 no dia 0 e aumentou para 0,77 (T1) a 0,85 (T3) no dia 12th , a gravidade específica da amostra de controlo foi observada como sendo 1,039 no dia 0th que aumentou ligeiramente e atingiu 1,049 no final do dia 12th , enquanto que no caso da amostra experimental o valor da gravidade específica variou de 1,042 a 1,056 para T1 no mesmo período de tempo. Enquanto que as alterações observadas em T3 foram de 1,047 para 1,060 após 12th dias de armazenamento, o índice de viscosidade da amostra de controlo foi de 4,48 no dia 0th , que aumentou ligeiramente e atingiu 4,54 (cp) no final de 12th dias, enquanto que no caso da amostra experimental variou de 4,61 a 4,57 (T1) e 4,58 a 4,66 (T3) para um período de armazenamento semelhante. As amostras experimentais T3 e T1 tiveram a pontuação média mais alta e mais baixa do tratamento de 4,60 e 4,59 respetivamente, a pontuação do pH da amostra de controlo foi observada como sendo 4,45 no dia 0th que mudou ligeiramente e finalmente chegou a 3,39 no final do 12º dia, enquanto que no caso da amostra experimental variou de 4,35 (T1) a 4,37 (T3) no dia 0th e aumentou para 4,4 (T1) a 4,25 (T3) no dia 12th , o teor de proteínas da amostra de controlo foi observado como sendo 1.580 no dia 0th , que variou ligeiramente durante a estimativa em 2,4,6,8, & 10th dias e atingiu o mesmo nível i.e. 1.58 após 12th dias de armazenamento e a pontuação total de hidratos de carbono da amostra de controlo foi observada como sendo 5.49 no dia 0th que aumentou ligeiramente e atingiu 5,59 no final do dia 12th , enquanto no caso da amostra de leitelho atingiu 5,80 de 5,57 (T1) e 6,06 de 5,98 (T3).

Durante o armazenamento, observou-se que a pontuação da cor e do aspeto da amostra de controlo era de 8,5 no dia 0th , tendo diminuído gradualmente e atingido 7,9 no final do dia 12th , enquanto que no caso da amostra experimental mudou de 8,2 para 7,7 para T1 e de 7,5 para 6.8 para T3 , a pontuação de consistência da amostra de controlo foi observada como sendo 8,32 no dia 0th que diminuiu gradualmente e atingiu 6,81 no final do período de armazenamento 12th dias, enquanto que no caso da amostra experimental variou de 7,17 a 6,73 para T1, 7,55 a 7,2 para T2 e 7.60 a 6,67 para T3 , a pontuação de aroma e sabor da amostra de controlo foi observada como sendo 8,45 no dia 0th que diminuiu gradualmente e atingiu 7,87 no final do período de armazenamento de 12th dias, enquanto que no caso da amostra experimental variou de 7,30 (T1) a 7.70 (T3) em 0th dia e diminuiu para 7,90 (T1) a 6,67 (T3) em 12th dia e para a pontuação de aceitabilidade global da amostra de controlo observou-se que era de 8,55 em 0th dia, que diminuiu gradualmente e atingiu 7,82 no final de 12th dia, enquanto no caso da amostra experimental
variou de 6,87 a 7,60 para T1 e de 7,17 a 6,05 para T3 no dia 0th e aumentou para 7,60 (T1) a 6,05 (T3) no dia 12th .

Durante o armazenamento, observou-se que a pontuação SPC da amostra de controlo era de 4,35 no dia 0th , que aumentou ligeiramente e atingiu 8,47 no final do dia 12th , enquanto que no caso da amostra experimental variou de 4,68 (T1) a 4,47 (T3) no dia 0th e aumentou para 7,51 (T1) a 6.45 (T3) no dia 12th e a contagem de leveduras e bolores da amostra de controlo foi de 4,26 no dia 0th , tendo diminuído ligeiramente e atingido 3,07 no final do dia 12th , enquanto no caso da amostra experimental variou de 3,29 (T1) a 4,58 (T3) no dia 0th e aumentou para 4,49 (T1) a 3,42 (T3) no dia 12th .

CONCLUSÃO

A adição de canela em pó facilita o auto-consumo do leitelho durante mais de 12th dias de armazenamento a temperatura refrigerada. A extensão da deterioração do produto foi menor no leitelho adicionado de canela em pó do que no controlo, que foi dividido em canela. O estudo microbiológico do trabalho de investigação também revelou que a canela em pó tem fortes propriedades antibacterianas e antifúngicas que se transferiram para o leitelho como bebida.

A incorporação de canela em pó não afectou acentuadamente as características sensoriais do leitelho. Observou-se que a amostra de leitelho obtida após a adição de 0,5% de canela em pó apresentava aroma e sabor, consistência, cor e aspeto comparáveis aos da amostra de controlo. O aumento da concentração de canela em pó aumenta ainda mais a estabilidade do leitelho, mas a aceitabilidade global do produto foi afetada devido à fraca consistência e ao forte sabor a especiarias da canela em pó.

SUGESTÕES PARA ESTUDOS FUTUROS

Uma série de produtos lácteos e alimentares aguarda um aumento do prazo de validade estável, que pode ser possível através da adição de ingredientes de canela de uma forma natural.

A manteiga e o queijo para barrar são produtos de pequeno-almoço populares que devem ser adicionados com canela para melhorar o sabor e manter a qualidade do produto.

A investigação a nível mundial fez explodir os aspectos benéficos da canela na prevenção e controlo da diabetes. As propriedades anti-diabéticas da canela devem ser exploradas nos produtos lácteos e alimentares.

REFERÊNCIAS

Agaoglu, S., Dostbil, N. e Alemdar, S. (2007).Atividade antimicrobiana de algumas especiarias utilizadas na indústria da carne. Boletim do Instituto Veterinário de Pulaway.55:53-57.

Ahn, Y. J.; Kwon, J. H.; Chae, S. H.; Park, J. H.; Yoo, J. Y. (1994). Respostas inibitórias do crescimento de bactérias intestinais humanas a extractos de plantas medicinais orientais. Microb. Ecol. Health Dis., 7: 257-261.

Alm, L. (1982). Efeito da fermentação no tamanho da coalhada e na digestibilidade das proteínas do leite in vitro de produtos lácteos fermentados suecos.*J. Dairy Sci.* 65(4): 509-514.

Anon, (2003). Leite de manteiga: Um remédio para muitas doenças. *Indian Dairyman.*55:21.

Antoine, J.M. (1989). Validação dos atributos de saúde do iogurte. In: Yoghurt:.Nutritional and Health properties.Chandan, R.C. (Ed.). National Yoghurt Melean, Virginia, U.S.A. pp. 233-245.

AOAC. (1975). Official Methods of Analysis of the Association of Official Analytical Chemists (Pub. Association of Official Analytical Chemists, Washington, EUA).

APHA. (1992). Métodos microbiológicos para produtos lácteos. In Standard methods for examination of dairy products.16th edition. Marshall, R.T. Ed. Associação Americana de Saúde Pública, Washington, DC, 287-307

Auclair, J.E.; e Portmann, A. (1955). O efeito do tratamento térmico do leite no crescimento bacteriano. I. O crescimento de bactérias do ácido lático no leite aquecido a diferentes temperaturas. Ann. Inst. Vat. Res. Agron, Paris (Ann. Tech. Agric) 4(2): 121-131.

Ayebo, A.D.; e Shahani, K.M. (1980).Role of cultured dairy products in diet.Cult.Dairy Prod. J. 15 (4): 21, 23-24, 26-27, 29.

Bachmann, M.R. 1985. Transformação do leite nas zonas rurais para apoiar a atividade leiteira nos países em desenvolvimento.*Journal of Dairy Science.*68: 2134 -2139.

Baisya, R.K.; e Bose, A.N. (1975). Papel dos organismos inoculadores nas alterações físico-químicas do leite e na qualidade final da coalhada *(dahi). Indian J. Dairy Sci.* 28(3): 179-183.

Behare , P.V. e Prajapati, J. B. (2007) Thermization as a Method for Enhancing the Shelf- life of Cultured Buttermilk. *Indian Journal of Dairy Science.* 60 (2): 86-93

Behare , P.V. e Prajapati, J. B. (2007). Thermization as a Method for Enhancing the Shelf-life of Cultured Buttermilk. *Indian Journal of Dairy Science.* 60 (2): 86-93.

Bent, S. e Ko, N. A. (2004). Medicamentos à base de plantas comumente usados nos Estados Unidos: uma revisão. Am. J. Med., 116: 478-485.

Bhandari, V. (1982). Nota sobre os factores que afectam o desenvolvimento da acidez no Lassi preparado pelo método de agitação contínua do leite inoculado com fermento lático comercial. *Indian J. Animal Sci.* 52 (12): 1249-1253.

Bhandari, V. (1985). Efeito de algumas variáveis de processamento no desenvolvimento de ácido em Lassi de leite desnatado preparado pelo método de agitação contínua. *Indian J. Animal Sci.* 55 (4): 293-295.

Bhatt, M.C.1977. In: "THARAKALP" [Terapia do leite de manteiga (*Chhash*)]. 3ª edição. Vastu Sahitya Mudralay Trust, Bhandra, Ahmedabad. Índia: 1-8.

Blanc, B. (1984). O valor nutritivo dos "produtos lácteos" fermentados. Boletim Int. Dairy Federation.179: 33-53.

Breaslaw, E.S.; e Kleyn, D.H. (1973).Digestibilidade in *vitro* da proteína no iogurte em várias fases de processamento. J. Fd.Sci.30 (6): 1016-1021.

Broadhurst, C.L, Polansky, M, Anderson. R.A.(2000). Atividade biológica semelhante à insulina de extractos aquosos de plantas culinárias e medicinais em virto. *J Agric Food Chem,* 48:849-52.

Chandan, R.C. (1982). In: Yoghurt: Propriedades nutricionais e de saúde. Associação Nacional do Iogurte, Me Lean, Virgínia, EUA.

Chandan, R.C. 2006.History and consumption trends. In Manufacturing of yogurt and fermented milks. Blackwell Publishing Professional. Ames, Iowa, 3-17.

Chawla, K, e Kansal, V. K. (1983). Depressão na desidrogenase hepática da glicose-6-fosfato-6-fosfogluconato desidrogenase ligada à redução de NADP+ em ratos alimentados com leite de vaca, *dahi* e leite acidófilo. Milchwissenschaft.38: 536 -537.

Chawla, K.; e Kansal, V.K. (1983). Depressão na desidrogenase hepática da glicose-6-fosfato-6-fosfogluconato desidrogenase ligada à redução de NADP+ em ratos alimentados com leite de vaca, *dahi* e leite acidófilo. Milchwissenschaft 38(9): 536 -537.

Choi, H.S.; e Kosikowski, F.V. (1985). Bebidas adoçadas de iogurte gaseificado simples e aromatizado. *J. Dairy Science.* 68(3): 613-619.

Cock, J. (2001). "State of the industry report. Cultured products getting cultured", Dairy Field, 184: 34, 36, 38, 40-41

Conge, G.A.; Gouache, P.; Desormeau-Bedot, J.P.; Loisillier, F.; e Lemonnier, D. (1980). Comparação dos efeitos de dietas enriquecidas com iogurte vivo e iogurte aquecido no sistema imunitário do rato. Reprod. Nutr. Develop. 20 (4A): 929-938.

Cuk, Z.; Annan - Prah, A.; Jane, M.; e Zaje - Satler, J. (1987). Iogurte fonte improvável de Campylobacter jejuni e E. Coli. *J. Appl. Bacterial.* 63(1): 201205.

Cummings, J. H. e Macfarlane, G. T. (2002). Gastrointestinal effects of prebiotics. Br. J. Ntri., 87(Suppl.2): S145-S151. (Abstr.)

Dannenberg, F.; e Kessler, H.G. (1988). Efeito da desnaturação da (plactoglobulina nas propriedades de textura do iogurte desnatado de estilo fixo. II. Firmeza e propriedades de fluxo. Milchwissenschaft 43(11): 700-704.

Das , G.K. (1991). Avaliação do desempenho de estirpes seleccionadas de Streptococcus salivarius sub.sp. thermophilus como iniciador para o fabrico de *dahi* a partir de leite de vaca. Tese de Mestrado apresentada à Gujarat Agril. Univ., S.K. Nagar, Gujarat.

De Simone, C; Bianchi - Salvadori, B.; Negri, R.; Ferrazzi, M.; Baldinelli, L; e Vesely, R. (1986). O efeito adjuvante do iogurte na produção de interferão 5 por linfócitos do sangue periférico humano estimulados por Con a. Nut. Rep. Int. 33: 419.

Deka, D.D.; Rajoria, R.B.; e Patil, G.R. (1984). Estudos sobre a formulação de Lassi (bebida cultivada) a partir de soja e leitelho. Egyptian *J. Dairy Sci.* 12(2): 291-297.

Dellaglio, F. (1988).Fermento para leites fermentados. III. Fermentadores termofílicos. Boletim Int. Dairy Federation. 227: 27-34.

Deodhar, A.D. (1984). Nutritional role of dahi and yoghurt.*Indian Dairyman.* 36(6): 325-330.

Dragland, S, Senoo, H., Wake, K. (2003). Várias ervas culinárias e medicinais são fontes importantes de anti-oxidantes dietéticos. *J. Agric Food Chem.* 133:12861290.

Dutta, S.M.; Kuila, R.K.; e Ranganathan, B.(1973). Effect of different heat treatments on acid and flavor production by single strain cultures.Milchwissenschaft 28(4): 231-233.

Fabio, A, Corona, A. Forte, E., Quaglio, P. (2003). Atividade inibitória de especiarias e óleos essenciais em bactérias psicrotróficas.*New Microbiol.* 26:115-120.

66

Felip, G. De.; Croci, L; e Gizzarelli, S. (1977). Investigação sobre algumas hidrolases e vitaminas do grupo B no iogurte tratado termicamente. Igiene Moderna 70(4): 288297.

Garg, A.R.; e Jain, S.C.(1980) Studies on the textural characteristics of curd. I. Effect of time-temperature combinations for pasteurization and fat and protein content of milk. Milchwissenschaft, 35 (12): 738742

Gibson, G. R. e Roberfroid, M. B. (1995). Modulação dietética do microbioma do cólon humano: introdução do conceito de prebióticos. *J. Nutr.*, 125(6): 1401-1412.

Goodenough, E.R.; e Kleyn, D.H. (1976). Influência da microflora viável do iogurte na digestão da lactose pelo rato. *J. Dairy Sci.* 59(4): 601-606.

Greathead, H. (2003). Plantas e extractos de plantas para melhorar a produtividade animal. Proc. Nutr. Soc., 62: 279-290.

Grigorov, H. (1966). Efeito de vários tipos de processamento térmico do leite de vaca na duração do processo de coagulação e nos valores de pH e titulação acidométrica do leite azedo búlgaro (iogurte). XVII Int. Dairy Congr., Vol. 34: 643.

Grizard, D.; e Barthomeuf, C. (1999). Oligossacáridos não digeríveis utilizados como agentes prebióticos: Modo de produção e efeitos benéficos para a saúde animal e humana. Reprod. Nutr. Dev., 39: 563-588.

Guyomarc'h, F., Queguiner, C., Law, A.J., Horne, D.S. and Dalgleish, D.G (2003), Role of soluble and micelle-bound heat-induced protein aggregates on network formation in acid skim milk gels. *J. Agr. Food Chem.* 51: 77437750.

Hatha, A.A.M., Indu, M.N., e Abirosh, C. (2006). Atividade antimicrobiana de algumas especiarias do sul da Índia contra sorotipos de Escherichia coli. *Revista Brasileira de Microbiologia.* 37:153-158.

Hepner, G.; Fried, R.; St. Jeor, S.; Fusetti, L. e Morin, R. (1979). Hypocholesterolemic effect of yoghurt and milk.*Am. J. Clin. Nutr.* 32 (1): 19-24

Hosono, A.; wardojo, R.; e Otani, H. (1986). Microbial flora in "dadih" traditional fermented milk in Indonesia. Lebensmittel-wissenshaft and Technologie 22: 20.

Jayaprakasha GK, Negi PS, Jena BS, Jagan Mohan Rao L. Journal of Food Composition and Analysis, 2007;20:330-336.

Jayaram, P.; e Gandhi, D.N. (1987).Role of market *dahi* as inoculum for rapid preparation of *dahi. Indian J. Dairy Sci.,* 40(2): 374-376.

Khambatta, J. S. e Dastur, N.M. (1950). Mudança na composição química do leite durante a acidificação. *Indian J. Dairy Sci.* 3:146.

Khan, A., Bryden, N.A., Polansky, M.M., e Anderson, R.A.(1990). Fator de potenciação da insulina e teor de crómio em alimentos e especiarias seleccionados. *Biol Trace Elem Res.* 24:183-188.

Kilara, A.; e Shahani, K.M. (1976). Atividade da lactose em produtos lácteos cultivados e acidificados.*J. Dairy Sci.* 59 (12): 2031-2035.

Kohk, D.A.; Ladkani, B.G.; e Mulay, C.A. (1980). Alterações físico-químicas comparativas em alguns constituintes de leites especiais e *dahi* obtidos a partir deles. *Indian J. Dairy Sci,* 33(2): 219 -222

Kolars, J. C.; Levitt, M.D.; Aouji, M.; e Savaiano, D.A. (1984). Iogurte - uma fonte auto-digestora de lactose. *New England J. Medicine* 310(1): 1-3.

Kumar, R.; Patii, G.R. e Rajor, R.B. (1987). Desenvolvimento de uma bebida de cultura do tipo Lassi a partir de soro de queijo. *Asian J. Dairy Res.* 6 (3): 121124.

Labropoulos, A.E. (1980). Variáveis de processo no sistema UHT e seus efeitos na psicofísica e reologia do iogurte. Dessertation Abstracts International-B. 41(3): 877-878.

Labropoulos, A.E.; Collins, W.F.; e Stone, W.K. (1984). Effects of Ultrahigh temperature and vat processes on heat induced rheological properties of yoghurt. *J. Dairy Sci.* 67(2): 405-409.

Laxminarayana, H. (1976) Relatório final do projeto sobre estudos relativos ao aumento da qualidade nutritiva do *dahi* através da utilização relativa de bactérias iniciadoras. Conselho Indiano de Agril. Res., Nova Deli.

Lembke, A. (1964). Laitsfermentes at habitudes alimentaires Ann. Bull.Fed. Int. Lait. Parte III: 22-35

Loones, A. (1989). Transformação dos componentes do leite durante a fermentação do iogurte. . In: Yoghurt: Propriedades nutricionais e de saúde. Chandan, R.C. (Ed.) National Yoghurt Association Me Lean, Virginia, USA. pp. 96.

Lucey, J. A. (2002). Formação e propriedades físicas dos géis de proteína do leite.*J. Dairy Sci.*, 85: 281-294.

Maheshwari, K., e Chuhan. 2013. Cinnamon: Uma especiaria imperativa para o conforto humano. *Revista Internacional de Investigação Farmacêutica e Biociência*, 2 (5):131-145.

Mann, E.J. (1977). Frozen yoghurt. Dairy ind. Int. 42(11): 21, 24.

Mann, G.V. e Spoerry, A.(1974).Estudos de um surfactante e colesteremia nos Masai. Amr. *J. Clin. Nutr.*27: 464- 469.

Mann, G.V. e Spoerry, A. (1974). Estudos de um surfactante e colesteremia nos Masai.*Amr. J. Clin. Nutr.*27: 464- 469.

Matan N, Rimkeeree H, Mawson A J, Chompreeda P *et al.* (2006) *International Journal of Food Microbiology,* ;107:180-185.

Mathur, B.N. (1991). Indigenous Milk Products of India: The related Research and technological requirements. Indian Dairyman 43 (2): 61-74.

Mathur, B.N.; Thompkinson, D.; e Sabikhi, L. (2000).Milk- the Nectar for living beings.*Indian Dairyman* .52(5): 11-19

Mohan, M. (1980). Estudos sobre o tratamento térmico do leite de cultura (*dahi*). Tese de Mestrado, BNC Univ., Kurukshetra

Mortiz, C, Rall, V, e Saeki, M. 2015. Avaliação da atividade antimicrobiana do óleo essencial de canela combinado com EDTA e polietilenoglicol em iogurte. ActaScientiarum. Technol. 37:99-104.

Moustaid, F. (1987). Estudo da proteólise do iogurte. D.E.A. Universidade de Paris VII. Dados não publicados.

Nain, N., Ahlawat, S.S., Khanna, S. e Chhikara, S. (2009). Properties and utility of commonly used natural spices- A Review, *Agric. Re.,* 30: 108-119.

Nanasombat, S. e Lohasupthawee, P. (2005). Atividade antibacteriana de extractos etanólicos brutos e óleos essenciais de especiarias contra *salmonelas* e outras *Enterobactérias.KMITL Science Technology J.* 5 (3): 527-538.

Onderoglu, S., Sozer, S., Erbil, K.M., Ortac, R., Lermioglu, F. 1999. A avaliação dos efeitos a longo prazo da casca de canela e da folha de oliveira na toxicidade induzida pela administração de estreptozotocina a ratos. *J Pharm Pharmaco.* 51: 1305-12.

Oommen, S. (1972).A distribuição dos glóbulos de gordura em *dahi.Indian J. Dairy Sci* 25 (3): 184-188.

Parnell-Clunies, E.M. (1987). Influência das alterações proteicas induzidas pelo calor no leite sobre as propriedades físicas e ultra-estruturais do iogurte. Dissertation Abstracts International, B. (Science and Engineering) 48(4): 934.

Patel, A.M.; Dave, J.M.; e Sannabhadti, S.S. (1983). Acid production by yoghurt starters and their effect on proteolysis and lactose utilization in buffalo skim milk. *J. Fd. Set'. Technol.* 20(6): 317-319

Patel, M.T. (1984). Avaliação dos efeitos dos métodos de hidrólise da lactose e termização pós-incubação em relação ao fabrico e qualidade de iogurtes agitados e congelados. Tese de Mestrado, apresentada à Gujarat Agril. Univ., Gujarat

Perdigon, G.; Nader de Macias, M.E.; Alvarez, S.; Oliver, G.; e Pesce de Ruiz Holgado, A. A. (1986). Melhoria da resposta imunitária em ratos alimentados com Str. thermophilus e Lb. bulgaricus. *J. Dairy Sci.* 70 (5): 919-926.

Perween, T. e Nazia, M.A.C.(2006). Atividade bactericida da pimenta preta, do anis e do coriendr contra isolados orais. *Pakistan J. Pharmaceutical Sciences.* 19 (3): 214-218.

Rangappa, K.S. (1947), Effect of processing and souring milk by the indigenous method. *Indian Med. Gaz.* 82 (6): 320.

Ranjan, S., Nadita, D., Proud, S., Madhumita, R e Ramalingam, C. (2012). Estudo comparativo da atividade antibacteriana do alho e da canela a diferentes temperaturas e sua aplicação na conservação de peixe. Avanços na Investigação em Ciências Aplicadas. 1:495-501.

Rasic, J.; e Kurmann, J.A. (1978). In: Iogurte: Scientific grounds, Technology, Manufacture and Preparation. Technical Dairy Publ. House, Copenhaga, pp. 200 - 278.

Rasic, J.; e Vucurovic, N. (1973). Studies on free fatty acids in yoghurt made from cow, ewe's and goat's milk. Milchwissenschaft 28 (4): 220-222.

Ray, H.P. (1970). Utilização de microorganismos para a produção de produtos lácteos fermentados indígenas, dahi adoçado. Tese de Mestrado apresentada à Universidade de Punjab, Chandigarh.

Ray, H.P.; e Srinivasan, R.A. (1972).Utilização de microrganismos para a produção de produtos lácteos fermentados indígenas (Sweetened *dahi*).*J. Fd. Sci. Technol.* 9 (2): 62-65.

Reddy, G.V.; Shahani, K.M.; e Banerjee, M.R. (1973).Efeito inibitório do iogurte na proliferação de células do tumor de Ehrlich ascites. J. Nat. Cane. Inst, 50 (3): 815-817.

RenuAgrawal (2005), Probiotics: An emerging food supplement with health benefits, Food Biotechnology, 19 (3), 227- 246.

Rycroft, C. E.; Jones, M. R.; Gibson, G. R. e Rastall, R. A. (2001).A comparative in vitro evaluation of the fermentation properties of prebiotic oligosaccharides.*J. Appl. Microbiol.* 91:878-887.

Sangal, A "Role of cinnamon as beneficial antidiabetic food adjunct:areview," Advances in Applied Science Research, vol.2, no.4,pp.440-450,2011.

Sarkar, S. (2002), "Nutritional and healthful aspects of cultured milk products - a review", *Indian J. Dairying Biosci.*, 13:1-9.

Sarkar, S. (2002). Nutritional and healthful aspects of cultured milk products-a review, *Indian journal of Dairying Bioscience.* 13:1-9.

Sarkar, S. (2008). Innovations in Indian Fermented Milk Products. A Review Food Biotechnology.22: 78- 97.

Sarkar, S. (2008). Innovations in Indian Fermented Milk Products. A Review Food Biotechnology. 22: 78- 97

Shankar, P.A.; e Laxminarayana, H. (1974). Efeito da utilização de diferentes culturas de arranque na qualidade proteica do dahi. XIX Int. Dairy Cong., 1E: 742-744.

Shapiro, S. (1960). Controlo dos sintomas gastro intestinais induzidos por antibióticos com iogurte. Clin. Med. 7(2): 295- 301.

Singh, M.B.; Ogra, J.L.; e Rao, Y.S. (1970).Studies on milk fat globule. IV. Efeito da profundidade de fixação e quantidade de fermento na distribuição durante a formação de dahi. BalwantVidyapeethJ. *Agric. Sci. Res*. 9(1): 5-9.

Speck, M.L; e Geoffrion, J.W.(1979). Lactase activity and starter culture viability in heated and frozen yoghurt. *J. Dairy Sci*. 62 (Suppl. 1): 53.

Stadhouders, J.; e Hassing, F. (1973). Produção de iogurte a partir de leite armazenado durante longos períodos a baixa temperatura. Med.NederlandsInstitut Voor Zuirelonderzoek. 7: 63-76.

Stone, W.K.; Large, P.M.; e Thomas, W.C.(1975). A pasteurização a temperatura ultra-alta aumenta a atividade do fermento. *Cultured Dairy Products J*. 10 (4): 11-12.

Suppakul, P.; Miltz, J.; Sonneveld, K.e Bigger, S. W. (2003). Propriedades antimicrobianas do manjericão e sua possível aplicação em embalagens de alimentos. *J. Agric. Food Chem.*, 51: 3197-3207.

Tamime, A.Y. (1977). Alguns aspectos da produção de iogurte e iogurte condensado. Tese de doutoramento apresentada à Universidade de Reading, Reino Unido.

Tamime, A.Y.; e Deeth, H.C. (1980). Iogurte - Tecnologia e Bioquímica. *J. Fd. Prot*. 43(12): 939-977.

Thakur, C.P.; e Jha, A.N. (1981). Influence of milk, yoghurt and calcium on cholesterol-induced atherosclerosis in rabbits. Atherosclerosis 39(2): 221215.

Thakur, C.P.; e Jha, A.N. (1981). Influence of milk, yoghurt and calcium on cholesterol-induced atherosclerosis in rabbits. Atherosclerosis. 39: 221-215.

Trivedi, J.L. 1971. Family Medicine (Gharvaidu) 4th Edition. Publicação J. M. Mehta, Bombaim: 20-26.Vaidya, B.G. 1983. Arogya Prasthan, J.M. Mehta Publication, Bombaim: 1-20.

Tsuchiya, F.; Miyazawa, K.; e Kanbe, M. (1982). Polissacárido antitumoral. Patente do Reino Unido G.B. 2 090 846.

Vangalapati, M. e Avanigaddu, S. (2012). Uma revisão sobre as actividades farmacológicas e os efeitos clínicos das espécies de canela. *Revista de investigação de ciências farmacêuticas, biológicas e químicas.*653-663.

Vazarian, M., Alehabib, S., Jamalifar, H., Fazeli, M., (2015).Efeito antimicrobiano do óleo essencial da casca de canela (Cinnamomum verum) em bolos e pastéis recheados com creme.*Research Journal of Pharmacognosy.* 2: 11-16.

Vibha (2004) Effect of standard lactobacilli on cardiovascular disease risk fator for their potential application as probiotics. Tese de doutoramento, Karnal, Índia: Universidade de Ensino Superior, NDRI

Vidanagamage, S., Pathiraje, P., e Perera, O. (2016). Efeitos do extrato de canela nas propriedades funcionais da manteiga. *Procedia Food Science.* 6: 136-142.

Wasserfall, F. (1972).Produtos lácteos fermentados e sua importância como alimentos.Ernahrungsumchu, 19 (5):165-158.

Yasar, S.; Sagdic, O.e Kisioglu, A. N. (2005). Efeitos antibacterianos in vitro de extractos de plantas individuais ou combinados.*Journal of Food, Agriculture and Environment.* 3(1): 39-43.

RESUMO

"Aumento do prazo de validade do leitelho através da adição de canela"
PorConselheiro principal
SUTAR PRITEE SANJAYDr   . SHAKEEL ASGAR
M.Tech. (DT. Último ano)Prof .
Rolo n.º 201506009

RESUMO

Devido ao curto prazo de validade do leitelho, a produção e a comercialização à escala comercial não têm sido possíveis numa área mais vasta. No presente estudo, tentou-se desenvolver leite coalhado adicionado de canela em pó, a fim de manter o produto aceitável durante um período mais longo de armazenamento refrigerado. Foram adicionados três níveis de canela em pó na preparação do leitelho: 0,5% (T_1), 1,0% (T_2) e 1,5% (T_3), para além do controlo com 0% de canela em pó (T_0). Em cada amostra, quer de controlo quer experimental, foram adicionados cominhos e sal preto a 0,4% em relação ao leitelho. Os produtos foram sujeitos a comparações de qualidade quando preparados frescos com diferentes variações de canela em pó. Os produtos também foram armazenados em temperatura refrigerada ($7 \pm 2°C$) para observar mudanças específicas nas características de qualidade. Cada tratamento foi repetido 4 vezes. As amostras armazenadas à temperatura de refrigeração foram submetidas a análises físicas, químicas, microbiológicas e sensoriais aos 0th , 2nd 4th , 6th , 8th , 10th e 12th dias.

Na análise físico-química do leitelho adicionado de canela em pó, a amostra T3 apresentou valores significativamente mais elevados de gordura (0,78%), proteína (1,58%), TCH (5,98%), cinzas (1,74%), TS (10,00%), acidez (0,77%LA), pH (4.37), viscosidade (4,65cp) e gravidade específica (1,044), enquanto que T0 teve o valor mais baixo em gordura (0,58%), proteína (1,53%), TCH (5,49%), cinzas (1,69%), TS (9,35%), acidez (0,69%LA), pH (4,45), viscosidade (4,48cp) e gravidade específica (1,033).

Nas pontuações sensoriais das amostras de leitelho fresco adicionado de canela, foram encontradas diferenças significativas na cor e aspeto, consistência, aroma e sabor, e aceitabilidade global. T3 obteve pontuações sensoriais mais baixas de 6,9, 7,3 e 7,4, enquanto T3 obteve a pontuação mais elevada de 7,8, 8,1 e 8,2. Na análise microbiana das amostras de leitelho fresco, o CPE mais elevado foi encontrado na amostra T0 (4,49cfu/g), enquanto o CPE mais baixo foi encontrado na amostra T3

(A contagem de leveduras e bolores do leitelho adicionado de canela em pó foi mais elevada em T0 (4,45cfu/g) e a mais baixa em T3 (4,24cfu/g).

A análise físico-química das amostras armazenadas de leitelho adicionado de canela em pó foi determinada durante 12 dias à temperatura de refrigeração. Durante o armazenamento, a gordura das amostras experimentais T_2 e T_1 teve a pontuação média mais alta e mais baixa do tratamento, 0,74 e 0,67, respetivamente. A amostra de controlo (T_0) obteve a menor pontuação média de tratamento de 0,60 para a gordura entre todas as amostras. Durante o armazenamento, os valores médios de proteína não sofreram grandes alterações em quase todas as amostras. A amostra (T_3) obteve a maior pontuação média de tratamento de 6,03 para TCH entre todas as amostras. Foi encontrada uma diferença significativa ($p<0,05$) nas pontuações médias dos tratamentos de todas as amostras de leitelho. O efeito da adição de canela em pó no teor de cinzas das amostras de leitelho durante o armazenamento à temperatura de refrigeração ($7\pm2°C$). Para a acidez, as amostras experimentais T3 e T_1 tiveram a pontuação média mais baixa e mais alta do tratamento de 1,68 e 1,72, respetivamente. As amostras experimentais T3 e T1 tiveram a pontuação média mais alta e mais baixa do tratamento de 0,79 e 0,72, respetivamente. A amostra de controlo (T0) obteve a classificação média mais baixa de todas as amostras, 0,69, para a acidez. Verificou-se uma diferença significativa (p<0,05) nas pontuações médias dos tratamentos de todas as amostras de leitelho. Durante o armazenamento, observou-se que o pH da amostra de controlo era de 4,45 no dia 0th, tendo-se alterado ligeiramente e finalmente atingido 3,39 no final do 12º dia, enquanto que no caso da amostra experimental variou entre 4,35 (T1) e 4,37 (T3) no dia 0th e aumentou para 4,4 (T1) e 4,25 (T3) no dia 12th. A amostra de controlo (T0) obteve a pontuação média de tratamento mais baixa de 4,57 para a viscosidade entre todas as amostras. Foi encontrada uma diferença significativa (p<0,05) nas pontuações médias dos tratamentos de todas as amostras de leitelho.

O efeito da adição de canela em pó na qualidade sensorial no que diz respeito à cor e ao aspeto, à consistência, ao aroma e ao sabor e à aceitabilidade global do leitelho com canela foi o seguinte: durante a armazenagem, observou-se que a pontuação da cor e do aspeto da amostra de controlo era de 8,5 no dia 0th, tendo diminuído gradualmente e atingido 7,9 no final do dia 12th, enquanto que no caso da amostra experimental mudou de 8,2 para 7,7 para T1 e de 7,5 para 6,8 para T3. A pontuação de consistência da amostra de controlo foi de 8,32 no dia 0th, tendo diminuído gradualmente e atingido 6,81 no final do período de armazenamento de 12th dias, enquanto que no caso da amostra experimental variou de 7,17 a 6,73 para T1, 7,55 a 7,2 para T2 e 7,60 a 6,67 para T3. As pontuações médias mais elevadas do tratamento para o aroma e o sabor foram encontradas na amostra de controlo T0 (8,03) e na amostra experimental T1 (7,78), enquanto a pontuação mais baixa foi encontrada na amostra T3 (7,29). A pontuação média do aroma e do sabor durante o armazenamento no dia 0th (amostra fresca) foi registada como 8,03, tendo diminuído gradualmente e atingido 7,29 no final do dia 12th. A pontuação mais elevada registou-se na amostra T1, seguida da T3 (1,5 % de canela em pó). As amostras experimentais T1 e T2 obtiveram a pontuação mais elevada para a cor e o aspeto, a consistência, o sabor e a aceitabilidade global, mas a amostra T2 obteve a pontuação mais elevada para a consistência. A pontuação relativa à consistência da T2 foi significativamente diferente das amostras experimentais T1 e T3.

As amostras experimentais T3 e T1 obtiveram a pontuação média de tratamento mais elevada e mais baixa de 4,72 e 5,74, respetivamente. A amostra de controlo (T3) obteve a pontuação média de tratamento mais baixa de todas as amostras, 4,72, para o SPC. Verificou-se uma diferença significativa (p<0,05) nas pontuações médias dos tratamentos de todas as amostras de leitelho. A amostra (T0) obteve a menor pontuação média de tratamento de 3,76 para a contagem de leveduras e bolores entre todas as amostras. Verificou-se uma diferença significativa (p<0,05) nas pontuações médias dos tratamentos de todas as amostras de leitelho. A interação entre o tratamento e o período de armazenamento para as pontuações da contagem de leveduras e bolores foi considerada significativa para as amostras de leitelho.

Dr. Shakeel Asgar SUTAR PRITEE SANJAY
(Orientador principal) (Estudante)

Menina. Sutar Pritee Sanjay nasceu a 3 de janeiro de 1993 em Latur, no estado de Maharashtra. Obteve aprovação no exame de certificação do ensino secundário com 74,76% das classificações da D.V. School, Latur (MH). Obteve o diploma do ensino secundário superior com 54,00% na Maharashtra Udaygiri Mahavidhayalya Udgir, Latur (MH). Ingressou na Faculdade de Tecnologia dos Lacticínios, Udgir, Latur, MAFSU. (Maharashtra) para B. Tech. (Tecnologia dos lacticínios), em 2010-11. Após a licenciatura com 6,42 OGPA em 2014, ingressou no College of Dairy Science and Food Technology, Raipur, C.G.K.V., Durg, (C.G), para um programa de pós-graduação no Departamento de Tecnologia dos Produtos Lácteos.

Endereço permanente:
Menina. SUTAR PRITEE SANJAY
D/O. Sutar Sanjay Bhanudas,
Ambedkar Chowk, perto de Vaishli Bouddha Vihar,
Bouddha Nagar, Latur
Distrito de Latur 413512(MH)
N.º de telemóvel: +91-9822235049
Correio eletrónico: priteesutar@gmail.com

Printed by Books on Demand GmbH, Norderstedt / Germany